国家出版基金项目
NATIONAL PUBLICATION FOUNDATION

现代水声技术与应用丛书
杨德森 主编

水声物理与环境适应信号处理

王 宁 王好忠 高大治 著

科学出版社
龙门书局
北 京

内 容 简 介

水声物理场特性与水声信号处理有着密不可分的联系。水声物理场受海洋环境时空变化的影响，环境特性、声场建模和参数获取困难。发展基于水声物理场规律约束的数据驱动、环境适应信号处理方法具有重要的理论意义和实际应用价值。本书介绍水声物理和环境适应信号处理相关的研究现状与发展方向，由三部分构成：水声场基本特性、环境适应信号处理及其相关应用。其中应用部分主要包括水声信号建模、波导不变量应用、数据驱动匹配场处理及传播不变量应用等内容。

本书可作为水声物理、水声信号处理等相关专业科研人员、研究生、本科生的参考书。

图书在版编目（CIP）数据

水声物理与环境适应信号处理 / 王宁，王好忠，高大治著. —北京：龙门书局，2023.11

（现代水声技术与应用丛书/杨德森主编）

国家出版基金项目

ISBN 978-7-5088-6357-3

Ⅰ. ①水⋯　Ⅱ. ①王⋯ ②王⋯ ③高⋯　Ⅲ. ①水声信号－信号处理　Ⅳ. ①TN929.3

中国国家版本馆 CIP 数据核字（2023）第 213280 号

责任编辑：姜　红　狄源硕　张　震 / 责任校对：崔向琳
责任印制：赵　博 / 封面设计：无极书装

科学出版社 出版
龙门书局
北京东黄城根北街 16 号
邮政编码：100717
http://www.sciencep.com
北京建宏印刷有限公司印刷
科学出版社发行　各地新华书店经销

*

2023 年 11 月第 一 版　开本：720×1000　1/16
2024 年 9 月第二次印刷　印张：10 1/2　插页：4
字数：218 000
定价：108.00 元
（如有印装质量问题，我社负责调换）

丛 书 序

海洋面积约占地球表面积的三分之二，但人类已探索的海洋面积仅占海洋总面积的百分之五左右。由于缺乏水下获取信息的手段，海洋深处对我们来说几乎是黑暗、深邃和未知的。

新时代实施海洋强国战略、提高海洋资源开发能力、保护海洋生态环境、发展海洋科学技术、维护国家海洋权益，都离不开水声科学技术。同时，我国海岸线漫长，沿海大型城市和军事要地众多，这都对水声科学技术及其应用的快速发展提出了更高要求。

海洋强国，必兴水声。声波是迄今水下远程无线传递信息唯一有效的载体。水声技术利用声波实现水下探测、通信、定位等功能，相当于水下装备的眼睛、耳朵、嘴巴，是海洋资源勘探开发、海军舰船探测定位、水下兵器跟踪导引的必备技术，是关心海洋、认知海洋、经略海洋无可替代的手段，在各国海洋经济、军事发展中占有战略地位。

从 1953 年中国人民解放军军事工程学院（即"哈军工"）创建全国首个声呐专业开始，经过数十年的发展，我国已建成了由一大批高校、科研院所和企业构成的水声教学、科研和生产体系。然而，我国的水声基础研究、技术研发、水声装备等与海洋科技发达的国家相比还存在较大差距，需要国家持续投入更多的资源，需要更多的有志青年投入水声事业当中，实现水声技术从跟跑到并跑再到领跑，不断为海洋强国发展注入新动力。

水声之兴，关键在人。水声科学技术是融合了多学科的声机电信息一体化的高科技领域。目前，我国水声专业人才只有万余人，现有人员规模和培养规模远不能满足行业需求，水声专业人才严重短缺。

人才培养，著书为纲。书是人类进步的阶梯。推进水声领域高层次人才培养从而支撑学科的高质量发展是本丛书编撰的目的之一。本丛书由哈尔滨工程大学水声工程学院发起，与国内相关水声技术优势单位合作，汇聚教学科研方面的精英力量，共同撰写。丛书内容全面、叙述精准、深入浅出、图文并茂，基本涵盖了现代水声科学技术与应用的知识框架、技术体系、最新科研成果及未来发展方向，包括矢量声学、水声信号处理、目标识别、侦察、探测、通信、水下对抗、传感器及声系统、计量与测试技术、海洋水声环境、海洋噪声和混响、海洋生物声学、极地声学等。本丛书的出版可谓应运而生、恰逢其时，相信会对推动我国水声事业的发展发挥重要作用，为海洋强国战略的实施做出新的贡献。

在此，向 60 多年来为我国水声事业奋斗、耕耘的教育科研工作者表示深深的敬意！向参与本丛书编撰、出版的组织者和作者表示由衷的感谢！

中国工程院院士　杨德森

2018 年 11 月

自 序

声波被公认为是迄今水下无线信息传递的最有效物理场。水声技术在海洋环境监测、资源勘探、远程主被动探测、水声通信和声呐工程应用等方面起着重要的作用。

海洋对于声波是一种时空非均匀传播介质，声传播距离通常是声波波长的几个数量级，但依然保持有用的相位信息。例如，低频声传播经历不同时空尺度的海洋动力、地质结构，但依然包含目标方位、频谱特征甚至距离和深度信息。跨尺度的传播过程中，介质的时空特性如何影响声传播？最终如何体现为线性水声信号系统特性？这些问题在水声学研究领域被称为声场/信号的"环境效应"问题，也是水声研究工作者不断努力并试图理解的问题。随着声场仿真技术、信号处理以及近年数据科学与技术的发展，环境效应研究可以粗略地划分为以下三种研究方法。

（1）还原论方法：通过建立精细化水声环境模型，发展高精度声传播、背景场数值预报模式，从而建立完备的水声信号模型。

（2）自适应方法：在水声物理模型约束下，将水声信号模型参数化，不借助或部分借助声场预报，通过实验数据获取模型参数并重构信号模型，最终实现水声技术应用。

（3）数据科学方法：运用机器学习特别是深度学习技术，在假设"完备的"数据集条件下，直接学习具体水声技术应用问题。

三种研究方法各有优势和缺陷：还原论方法固然可以解决所有问题，但"环境建模完备性"与"水声物理模型完备性"形成明显的矛盾；自适应方法虽然避开了环境建模，但仅能体现实验数据范围内的信号模型，存在普适性问题，难以推广应用，而且本身所用水声物理模型是简化模型，缺乏"水声物理模型完备性"；数据科学方法属于归纳法范畴，理论上可以弥补水声物理建模的不完备性，但是，如果没有水声物理模型先验知识，"数据完备集"概念无从谈起。总体上，三种研究方法相互制约又互补，在今后一段时间内依然都不可忽略。

我有幸在本科阶段学习过水声物理课程，20 世纪 90 年代归国回到母校中国海洋大学后，在同学和各位水声物理学前辈的帮助和指导下又慢慢"下海"，算起来已有二十余载的水声物理研究经历。本书主要总结了作者过去十年有关水声物理方面的工作，尤其是水声物理在环境适应信号处理中应用的相关工作。

全书共 5 章。第 1 章简要介绍水声环境、水声物理和水声信号的基本特性和相互关系。第 2 章回顾相关的声传播理论基础知识和理论推导。第 3 章介绍声场的不同信号表示，特别是不同环境下声场的简正波分解形式。不同于一般水声传播书籍，本书侧重声场或者声信号空间的唯象表示。第 4 章介绍浅海声场干涉与频散为基础的环境适应性水声信号处理方法。第 5 章主要讨论数据驱动环境自适应匹配场处理。

非常感谢丛书主编杨德森院士、执行主编殷敬伟教授提供这个同行交流的机会，让作者可以分享一些工作与成果。由于作者水平及阅读范围有限，难免有不妥之处，也请同行指正。作者撰写本书的初衷是：尝试在水声物理与信号处理研究工作者之间搭桥牵线，希望对他们有所帮助。水声物理研究是我所从事过的感触颇深的研究方向，认知过程不断迭代！借用人生三重境界之说的前两重境界：看山是山，看水是水；看山不是山，看水不是水。希望再接再厉参悟："看环境还是环境，看信号还是信号！"

感谢赵振东、宋文华、王鹏宇、李小雷、张新耀博士近些年的合作，并为本书提供大量的图表。

特别感谢我夫人张英女士一直以来对我工作的支持。

最后，也将本书献给我亲爱的父母，以慰他们在天之灵。

王 宁

2022 年 10 月于青岛

目　录

丛书序

自序

第1章　绪论 ……………………………………………………… 1

1.1　水声物理与水声信号系统 ……………………………… 1

1.2　信号空间与信号稀疏性 ………………………………… 3

1.3　时变、多尺度、不确实和不确定水声环境 …………… 3

1.4　水声学反问题 …………………………………………… 5

参考文献 ………………………………………………………… 6

第2章　海洋信道中的声传播 …………………………………… 7

2.1　海洋中射线方法的基本概念和基本原理 ……………… 7

2.2　简正波方法 ……………………………………………… 10

2.2.1　简正波概念 …………………………………… 10

2.2.2　分层海洋声波导点源简正波展开 …………… 14

2.3　浅海波导 ………………………………………………… 22

2.4　深海波导 ………………………………………………… 25

2.5　声传播三维效应 ………………………………………… 28

2.6　海洋随机介质中的声传播 ……………………………… 32

2.6.1　Dozier-Tappert 前向耦合简正波方程 ……… 34

2.6.2　声场幅度起伏特性分析 ……………………… 37

2.7　小结 ……………………………………………………… 38

参考文献 ………………………………………………………… 39

第3章　水声信道物理模型 ……………………………………… 42

3.1　水声信道与水声信号 …………………………………… 42

3.1.1　水声信号系统 ………………………………… 42

3.1.2　信号空间与环境参数空间 …………………… 44

3.1.3　正问题与反问题 ……………………………… 46

3.1.4　海洋信道的时空尺度 ………………………… 47

3.2　水平不变波导的信号模型 ……………………………… 48

3.2.1　简正波信号模型 ……………………………… 48

　　　3.2.2　射线信号模型 ···53

　　　3.2.3　射线-简正波应用条件 ··54

　　　3.2.4　信道时空相干性 ···56

　3.3　水平变化波导的信号模型 ···59

　　　3.3.1　水平变化波导概述 ···59

　　　3.3.2　耦合信道模型 ···63

　　　3.3.3　耦合信道的本征模态 ···66

　3.4　水声背景场：混响 ··68

　3.5　小结 ···71

　参考文献 ···72

第4章　浅海波导不变量及其应用 ··75

　4.1　波导不变量的概念 ··75

　4.2　波导不变量的基本特性 ··76

　　　4.2.1　波导不变量的简正波解释及基本性质 ·················76

　　　4.2.2　射线干涉与射线波导不变量 ·······························83

　4.3　波导不变量的应用与变形 ···84

　4.4　warping 变换与消频散变换 ··86

　　　4.4.1　warping 变换 ···87

　　　4.4.2　消频散变换 ···88

　4.5　阵不变 ···99

　4.6　波导不变量的一般性质 ··101

　4.7　小结 ···108

　参考文献 ···108

第5章　数据驱动水声信号处理 ··112

　5.1　声场波数域性质 ··112

　5.2　三类水声观测 ··113

　5.3　绝热水平不变数据驱动方法 ··116

　　　5.3.1　垂直阵提取简正波本征函数 ·······························116

　　　5.3.2　垂直阵提取简正波本征波数 ·······························119

　　　5.3.3　统计匹配处理 ···120

　5.4　水平变化波导数据驱动处理：全息场、虚拟阵和引导声源 ···121

　5.5　水平变化波导数据驱动处理：传播不变量 ···················125

　5.6　深度学习干涉条纹恢复 ··135

　5.7　小结 ···141

　参考文献 ···141

附录 ·· 144

    附录 A   简正波的谱分解形式·································· 144

    附录 B   环境-声场耦合 ·· 146

    附录 C   谱估计与简正波展开·································· 148

    附录 D   频散近似公式·· 150

    参考文献 ·· 150

索引 ·· 152

彩图

第1章 绪　　论

1.1　水声物理与水声信号系统

水声物理与水声信号处理是水声技术应用的两大支柱，两者交叉却有各自的研究方向与科学问题。前者为后者提供物理模型和物理解释，后者为前者提供应用需求。

水声信号系统通常被视作线性信号系统，主要由四部分构成（图 1-1）：目标信号空间、水声环境、背景场和接收信号空间。目标信号空间 $P_0(x';\omega)$ 由 x' 位置处目标或声源辐射声信号构成，目标信号经由水声环境控制的信道传播，受格林函数 $G(x'',x';\omega)$ 调制，并叠加背景场（噪声或混响）$B(x,c;\omega)$ 后，由 x'' 位置处的接收系统接收后形成接收信号空间 $P(x'',c;\omega)$。水声环境由声传播介质参数 c 和边界特性 $C(x)$ 刻画，与波动方程联合决定声场的格林函数（信道传输函数）。

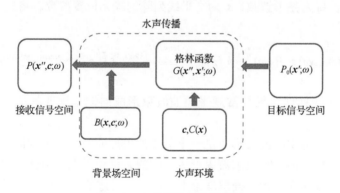

图 1-1　水声信号系统示意图

图 1-1 中虚线所框内容为水声物理常规研究范畴，即水声环境、水声传播和背景场。背景场与信号场线性叠加构成信号空间，而水声环境与格林函数之间的关系是一种非线性函数关系。水声环境与声场的相互关系在水声学科中是一个老话题，相关的基础知识可以参考相关专著或教材[1-6]。

本章定性地回顾水声物理基本特性，引入贯穿本书的几个重要概念。首先利

用较为熟悉的波束形成问题回顾水声信号的基本特性。在一定水声环境条件下，声信号可以写为

$$P(r,z;\omega) = P_0(\omega) \sum_{k=1}^{N(r)} a_n \phi_n(z) \frac{\mathrm{e}^{\mathrm{i}\,\mathrm{Re}(k_n)r - \mathrm{Im}(k_n)r}}{\sqrt{k_n r}} \qquad (1\text{-}1)$$

式中，$P(r,z;\omega)$ 为声信号；$P_0(\omega)$ 为源信号频谱（定义为时域声源信号的傅里叶变换）；$\phi_n(z)$ 为简正波本征函数（一种正交函数基底）；k_n 为简正波本征（水平）波数，它随频率 ω 变化；r 为目标与接收器之间的水平距离；$a_n = \phi_n(z_s)\mathrm{e}^{\mathrm{i}\pi/4}\big/\big(\rho(z_s)\sqrt{8\pi}\big)$，$z_s$ 为声源深度，$\rho(z_s)$ 为声源深度处的海水密度；$N(r)$ 为有效简正波个数，是传播距离、水声环境的（泛）函数。这种声场表示形式具有普遍意义，对于一大类水声环境条件成立，至少在空间局部区域成立。声速剖面、海底地声模型等水声环境因素只通过 (k_n, ϕ_n) 隐含体现。当只关注水体部分的声场分布时，已知声速剖面 $c(z)$ 和本征波数 k_n，本征函数可以利用 WKB（Wentzel-Kramers-Brillouin，温策尔-克拉默斯-布里渊因）近似解表示[1]。

考虑一个长度为 L 的水听器水平线列阵，水平方位波束形成由式（1-2）定义：

$$\hat{P}(\varphi, z, \omega) \equiv \int_0^L P(r - s\sin\varphi_0, z, \omega)\mathrm{e}^{\mathrm{i}sk_0\sin\varphi}\mathrm{d}s \qquad (1\text{-}2)$$

式中，φ_0、$\varphi \in [-\pi, \pi]$ 分别为水平线列阵法向与远场点源目标的实际方位夹角和估计方位夹角；k_0 为参考波数；s 为水平线列阵的阵元位置参数。将式（1-1）代入式（1-2）得

$$\hat{P}(\varphi, z, \omega) \equiv P_0(\omega) \sum_{k=1}^{N(r)} \phi_n(z) a_n \frac{\mathrm{e}^{-\mathrm{Im}(k_n)r}}{\sqrt{k_n r}} \mathrm{e}^{\mathrm{i}\,\mathrm{Re}(k_n)r_0} \int_0^L \mathrm{e}^{\mathrm{i}\,\mathrm{Re}(k_n)s\sin\varphi_0} \mathrm{e}^{\mathrm{i}sk_0\sin\varphi}\mathrm{d}s \qquad (1\text{-}3)$$

式（1-3）的处理结果与常规平面波波束形成问题呈现明显的差异，主要体现在：

（1）水声信道中的波束形成是一个多模波束形成问题，不同简正波模态的水平波数不同，每个简正波模态波束形成对应的方位角不同，因此，水声信道中单目标的平面波波束匹配相关处理理论上可以产生"虚假多目标"（假设 L 足够大，大于相邻简正波的干涉跨度）。

（2）海水介质对于声波是一种随机介质。在海水介质中声传播速度较慢，约 1500m/s，而水声应用所关注的问题空间尺度大，导致本征波数 k_n 表现出明显的时变性且伴有随机成分。

（3）水平波数是频率的非线性函数，且不同简正波模态的频散特性不同（特别是在低频段）。

差异（1）、（3）源于波导效应，而差异（2）则源于环境效应。上述特点有别

于常规自由空间的波束形成假设，由于多号简正波模态的存在和信道随时间、空间变化，海洋信道中水声信号的波束形成应用与其他领域存在明显不同。特别是在超长线阵水声信号处理，或者信号长时间累积积分处理等时，复杂海洋环境效应影响明显，使得阵处理的空间增益和时间增益远低于理论值。

1.2　信号空间与信号稀疏性

　　水声场是一种宏观"标量"物理场。数学物理涉及场的概念时，通常包含以下含义：场具有无穷个自由度，具有一定的时空分布，并假设可以用一定模态基底函数展开。譬如，水声场可以展开为垂直方向简正波本征模态（离散和连续谱）和水平方向的二维行波形式，其展开系数表示场自由度。如式（1-1）所示，声场可以利用本征波数 k_n、本征函数 ϕ_n 和模态展开系数 $\phi_n(z_s)$ 三组变量描述，其中模态展开系数 $\phi_n(z_s)$ 为模态激发权重，由点声源深度处的本征函数值决定。这种表示具有信息集中（information centralization）特性，无论介质模型如何复杂，声场以简正波本征波数和本征函数的参数化形式依赖于介质模型，介质模型的组成和构造并不直接体现在这种声场表示中。这种性质在物理学中是普遍存在的，如同热力学与统计物理之间的关系。譬如，气体的宏观热力学法则可以通过温度、压力和熵等宏观物理变量表示，与微观气体分子及其相互作用具体形式无关。这样的类比虽然不严格，但很形象。为了强调声场的上述性质，本书称本征波数、本征函数和模态展开系数三组变量或函数为**宏观或唯象变量**，对应的水声场表示称为**唯象表示**。唯象表示空间的线形独立函数基底数目称为声场**信号空间维数**，对应式（1-1）的有效简正波个数 $N(r)$。

　　一般情况下，水声传播过程伴随能量损耗，在物理上不属于保守系统。高号简正波或大掠射角声线随着传播距离、频率的增加衰减加快，相应的信道传输函数呈现出模态域和频域的低通滤波特性。对应的观测信号在远场具有明显的信号**稀疏性**（按照文献[7]，一个信号矢量的稀疏性由非零值的成分个数定义）。这种现象在浅海波导中尤为明显，称为**模态剥离效应**。

1.3　时变、多尺度、不确实和不确定水声环境

　　海水介质作为水声环境或水声传播介质具有时变、多尺度、不确实和不确定等特殊性。图 1-2 给出了各种尺度的海洋动力学过程和伴随的声学过程的对照。水声传播在深海环境可达到上万千米，为声波波长的 $10^7 \sim 10^8$ 倍，耗时约 10^5s。即使在浅海环境低频声波也可以传播波长的 $10^5 \sim 10^6$ 倍的距离，其水体环境尺度

至少涉及小尺度和中尺度海洋动力学过程。海洋动力学过程导致的声速扰动 $\Delta c/c_0$ 范围为 $10^{-4}\sim10^{-2}$，参考声速 $c_0\approx1500\text{m/s}$。在实际应用中，完全刻画这些介质特性几乎不可能（至少目前不现实）。**不确实性**指环境是确定论属性的，但由于同步环境预测和参数获取困难，无法完全刻画；而**不确定性**指随机动力学过程导致的声传播介质的随机变化。

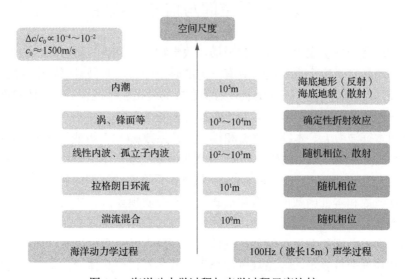

图 1-2　海洋动力学过程与声学过程尺度比较

以低频声传播为例，频率十几赫兹的声波具有百米量级的波长，其传播距离可以达到几百至几千千米，水平尺度跨越锋面、中尺度涡等海洋动力学过程尺度。这些海洋动力学过程伴随各自特征时间尺度，时间尺度涵盖了季、月、周和分钟量级，有低频长周期的中尺度现象和潮，也有高频短周期的随机内波过程。与此同时，声波还将经历由不同空间尺度的粗糙海底界面、不均匀介质引起的声散射，如表 1-1[1] 所示。

表 1-1　海底界面、介质不均匀性空间尺度

大尺度（约 100km）	中尺度（km）	小尺度（m）
海脊	沙堆	海底波纹
海沟	丘陵	岩石露头
深海平原	海山	小岗

受复杂的海底底质环境和海洋动力学过程影响，声波传播距离越远，环境影响越复杂，对应式（1-1）中的简正波本征波数 k_n 和本征函数 ϕ_n 是这些复杂环境参

数的泛函数。刻画环境参数空间的维数随着距离和频率增加而增加，与信道维数随着传播距离增加而降低形成鲜明的反差。

1.4 水声学反问题

声波方程与水声环境相结合形成水声物理模型，进一步可抽象为水声信号处理系统的数学模型。线性波动问题的格林函数或信道传输函数可以从数学角度描述为环境参数空间到声场函数空间的映射函数。

众所周知，波动方程一般采用偏微分方程刻画。按照数学物理方程问题分类，水声物理可以分为正问题和反问题两大类。已知介质声学结构与特性、边界条件和声源特性，求解波动方程或预测声场分布称为正问题；反之，由声场观测量反推介质（如偏微分方程系数）、声源特性（对应偏微分方程的非齐次项）称为反问题。多数水声应用问题通常可以归结为反问题。反问题通常分为函数分布反演和模型参数反演两大类。水声应用对应的反问题一般是一种参数反演问题。譬如，匹配场定位问题属于典型的模型参数反演问题；声速分布层析和声场控制问题属于函数分布反演问题。反问题一般是**不适定问题或病态问题**（ill-posed /ill-conditioned problem），这主要是因为：观测量往往是不完全观测量，观测量对部分模型参数不敏感，环境的多尺度、不确定性等问题[6-8]。

正问题的严格求解或预测需要建立声场表示与水声环境模型参数间的函数映射关系，一般称为声场建模。频率越高或者传播距离越远，水声环境模型越复杂。对实际水声应用来说，"真实"环境模型的建立往往是非常困难的，因此利用水声传播理论解释实验数据总是基于某种简化的、降维的**等效介质**模型。另外，水声学反问题试图从局域的、低维的观测数据估计广域的、高维的目标和环境参数。许多水声应用会面临观测的声信号空间维数小于甚至远小于对应反问题的目标和环境参数空间的维数的情况，因此这些水声学反问题往往是一种高度病态的问题。

文献[1]～[5]包含了有关水声信道的论述，读者可以参照阅读。本书的出发点是解释水声环境、水声场与水声信号空间之间的关系，重点强调不同水声环境条件下的水声物理过程与信号模型间的关系，同时结合一些环境适应信号处理方法加以说明。

不适定问题、信号稀疏性与自适应信号表示方法的应用有着密切的关系，大多数利用信号稀疏性和自适应信号处理方法解决不适定反问题的思路都归结为"统计学习+优化问题"。这几乎形成了一种"快餐"范式[9]。作者并非信号处理方面的专业人士，本书主要从声场表示与海洋环境"相互作用"的角度出发，讨论相关的信号模型、不适定问题及信号稀疏性的声学起源。信号的稀疏性、海洋环境的复杂性是贯穿本书的核心概念，作者尽可能从不同的视角讨论信道模型，希望能够给读者提供一些启示。

参 考 文 献

[1]　汪德昭, 尚尔昌. 水声学[M]. 2 版. 北京: 科学出版社, 2013.

[2]　杨士莪. 水声传播原理[M]. 哈尔滨: 哈尔滨工程大学出版社, 2007.

[3]　惠俊英, 生雪莉. 水下声信道[M]. 2 版. 北京: 国防工业出版社, 2007.

[4]　Urick R J. Principles of underwater sound[M]. New York: McGraw-Hill, 1983.

[5]　Brekhovskikh L M, Lysanov Y P. Fundamentals of ocean acoustics[M]. New York: Springer-Verlag, 2003.

[6]　Allmaras M, Bangerth W, Linhart J, et al. Estimating parameters in physical models through Bayesian inversion: a complete example[J]. Society for Industrial and Applied Mathematics, 2013, 55(1): 149-167.

[7]　Chui C, Montefusco L, Puccio L. Wavelets: theory, algorithms, and applications[M]. San Diego: Academic Press, 1994.

[8]　Tarantola A. Inverse problem theory and methods for model parameter estimation[M]. 北京: 科学出版社, 2009.

[9]　Chen S S, Donoho D L, Saunders M A. Atomic decomposition by basis pursuit[J]. Society for Industrial and Applied Mathematics, 2001, 43(1): 129-159.

第 2 章　海洋信道中的声传播

海洋信道中的声传播主要研究声波在海洋中的基本传播特性及其对海洋环境的依赖关系，如传播衰减规律、介质和边界散射及其与海洋环境特性的函数关系。声传播问题按照介质有无边界分为自由空间声传播问题和波导声波传播问题两大类。当波导存在边界时，边界会导致声波的多次反射、散射。波导声传播问题通常采用本征射线或者简正波本征函数（模态）展开方法描述，海洋信道是一种典型的声学波导，海洋信道中的声传播特性依赖水深、水体声速剖面及海底声学模型。本章的内容聚焦在低频段的声传播问题，不涉及譬如几十千赫兹的高频声波传播与散射问题。主要介绍射线方法和简正波方法，并将其用于分析典型海洋环境下的声传播基本特性。射线方法和简正波方法只是实际海洋声传播模型的近似，实际海洋环境包含各种尺度的时间、空间变化，严格意义上海洋信道中的声传播是一个随机介质中的波动问题。

2.1　海洋中射线方法的基本概念和基本原理

射线方法是海洋声学中声场求解和声传播特性分析的基本方法之一，有关射线声场的计算方法可以参阅文献[1]，本节仅介绍射线方法的基本概念和基本原理。在射线声场模型中，声源辐射能量沿着射线管传输，如图 2-1 所示，其中 O 为声源所在位置，Γ 为射线管的截面积。

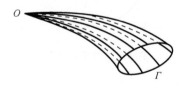

图 2-1　射线管[1]

给定声速分布，每一条射线的路径由初始空间位置和出射角度唯一确定。声能量在射线管内守恒。不同的射线到达相同接收点的时间不同，叠加后得到接收点的总声场。求解射线轨迹对应一个求解二阶常微分方程问题，这个常微分方程可根据折射率决定的拉格朗日作用量（声程），利用变分方法推导得到，这跟经典波动问题的"粒子图像"十分相似。在波动问题的经典场论处理中，射线轨迹的求解与哈密顿-雅可比方程有关，详情可以参考马科斯·玻恩和埃米尔·沃尔夫的著作《光学原理》。

在一阶近似下，海洋中的声速分布只是深度的函数，称为声速剖面，此时声传播退化为二维问题。将声速剖面分割为等厚度（为 dz）的 n 层（$n=1,2,\cdots$），各层内声速设为常数，c_n 记作第 n 层中的声速。令 χ_n 为第 n 层中的掠射角，即射线与等深面（z 等于常数的平面）的夹角。由折射定律，射线在 $z\text{-}r$ 平面中确定了一条连续折线。每层内对应一条直线，各层掠射角间满足

$$\frac{\cos \chi_{n+1}}{c_{n+1}} = \frac{\cos \chi_n}{c_n} = \cdots = \frac{\cos \chi_1}{c_1} \tag{2-1}$$

其对应的水平位移由式（2-2）决定：

$$\mathrm{d}r_n = \frac{\mathrm{d}z}{\tan \chi_n} \tag{2-2}$$

利用式（2-1）和式（2-2），理论上可以计算每一条射线路径对应的水平位移、射线角度及走时曲线。

由于声速随深度变化，某些射线在一定深度处掠射角恰好等于零，掠射角等于零对应的深度 z_{td} 称为该射线的**反转深度**（turning depth），如图 2-2 所示。这里需要注意，反转深度由初始角度、初始位置的声速数值和声速剖面分布唯一决定，反转深度的声速应满足

$$\cos \chi_1 = \frac{c_1}{c(z_{td})} \tag{2-3}$$

图 2-2 射线反转点[1]

射线方法由于其直观性，在讨论深海大洋声信号的时间到达结构问题中被广泛应用，是大尺度声学海洋学研究的主要方法。最典型的例子就是海洋声层析（ocean acoustic tomography）。海洋声层析由美国学者 Munk 等[2-3]倡导，意图是将 X 射线层析方法引入海洋声学领域，其基本原理是通过测量不同路径的射线到达延时来反演所关心区域内部的声速分布和海水介质内部的温度变化，以期达到监测全球变暖效应的目的。

图 2-3 中 S_1,S_2,S_3 表示声源位置，R_1,R_2,R_3,R_4 表示接收器位置。假设布设足够数量的发射、接收单元，所有对应射线编织的射线网足够密集，可以覆盖感兴趣区域。每一条射线携带了射线路径上声速分布倒数的积分信息。将区域网格化，利用走时测量数据可以建立起网格内声速数值与走时测量的一组线性方程：

$$t_m = \sum_{n=1}^{N} E_{mn} \Delta C_n \qquad (2\text{-}4)$$

式中，t_m 为第 m 条声线的走时测量数据，为相对于参考声速分布条件下走时的偏差；E_{mn} 为第 m 条声线在第 n 个网格的走时与参考声速比值；ΔC_n 为相应网格的声速相对参考声速的变化；当射线不通过网格 n 时，$E_{mn}=0$，否则

$$E_{mn} = \int_{\Gamma_{mn}} \frac{\mathrm{d}l}{c^2(n)} \qquad (2\text{-}5)$$

其中，$\mathrm{d}l$ 为沿声线轨迹的微分线元；Γ_{mn} 表示第 m 根声线通过第 n 个网格的路径；$c(n)$ 为第 n 个网格的参考声速。通过式（2-4）和式（2-5）可得到网格声速分布，从而实现声层析的目的。

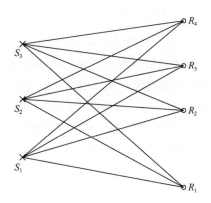

图 2-3 海洋声层析原理示意图[1]

海洋声层析被证明可以用于监测全球气温变化[4-5]，也可以用来监测北冰洋冰下盐度变化[6-8]。下面介绍与射线方法相关的重要概念与处理方法，以便有兴趣的读者进行深入探究。

1. 菲涅耳波带（Fresnel zone）

射线方法相关的一个重要概念是菲涅耳波带。射线方法是声波动方程的高频近似，菲涅耳波带决定了声场衍射现象存在的区域。在讨论非均匀介质中的波动

问题时，菲涅耳波带起到非常重要的作用。譬如，在第 3 章讨论水平折射-垂向简正波处理方法时，射线水平折射路径的菲涅耳波带对于分析声场空间相关特性至关重要。在处理声学海洋学中的声学方法与海洋模式联合同化问题时，射线的菲涅耳波带决定了声场敏感区域，对于声学-海洋学同步观测与数据同化起着非常重要的作用。有兴趣的读者可以参考文献[8]、[9]。

将声场表示为格林函数积分方程的形式，是诸多水声传播问题常采用的方法。积分方程除极个别情况可以求解，一般不存在解析解。求解积分方程的典型数值方法有有限元和边界元等方法。对于经典非均匀介质中的波动问题，我们在研究其衍射现象时一般采用积分方程和稳相法相结合的处理策略。首先，构建非均匀介质中的近似格林函数，如利用雷托夫近似方法或渐进射线方法；然后，将格林函数的相位视作射线声程，求解对应的两点边界值变分问题亦即稳相法，得到的射线路径称为稳相路径或本征射线。如果将稳相路径附近的相位项展开到二阶修正项，对应的积分方程将包含菲涅耳衍射的贡献。熟悉时频分析的读者可以将考虑二阶相位修正项的稳相积分处理与具有线性调频的时频信号分析类比，菲涅耳积分只是线性调频的时频信号分析的高维推广形式。

2. 渐进射线方法和马萨罗夫渐进射线方法

渐进射线方法可以认为是射线方法的高级版本，利用该方法求得的波动问题的解为包含所有 $1/(i\omega)^n$ 形式项的级数展开解（高阶输运方程），这种级数展开在高频时渐进收敛。由于一般射线定义在空间域，输运方程的解在焦散区会产生奇异，此时射线管截面积趋于零。马萨罗夫渐进射线方法通过在空间-波数混合域进行积分变换，可以克服焦散点问题。利用渐进射线方法可以给出一般非均匀介质中格林函数的高频渐进近似形式。这些方法在地球物理勘探领域有着广泛的应用[7]。

2.2 简正波方法

在具体介绍简正波方法之前，概述该方法的数学模型和基本物理性质对于后续理解会有一定帮助[7-8]。

2.2.1 简正波概念

考虑一个三维均匀介质中的声传播问题，不失一般性，假设声场属于绝对可积函数 L^1 或平方可积函数 L^2，以确保其对应的傅里叶变换可以定义。在频率-空间域中，声场 $P(x,y,z;\omega):\mathbb{R}^3 \times \mathbb{R} \to \mathbb{C}$ 可以展开为特殊形式的傅里叶变换（平面波分解）：

$$P(x,y,z;\omega) = \iint_{\mathbb{R}^2} [f(k_x,k_y)e^{i(k_x x + k_y y + k_z z)} + g(k_x,k_y)e^{i(k_x x + k_y y - k_z z)}]dk_x dk_y \quad (2\text{-}6)$$

$$k_z = \sqrt{\frac{\omega^2}{c^2} - k_x^2 - k_y^2} \quad (2\text{-}7)$$

式中，$(k_x,k_y) \in \mathbb{R}^2$ 分别为水平 x, y 方向波数矢量分量；函数 $f(k_x,k_y)$, $g(k_x,k_y)$ 分别表示沿 z 轴正方向和负方向传播成分的复波数谱。与一般三维波数域傅里叶变换公式相比，声场的 z 方向波数成分 k_z 不是独立变量，而是由式（2-7）给出的频散关系式决定的。从这个角度来看，波动方程的平面波展开形式是一种特殊的三维傅里叶变换，其波数满足频散关系约束。

在波导中，声波传播必须满足相应的边界条件。譬如，考虑真空海面和刚性海底情况下，对应的边界条件为

$$P(x,y,z=0;\omega) = 0, \quad \frac{\partial}{\partial z}P(x,y,z=H;\omega) = 0 \quad (2\text{-}8)$$

显然，并非所有 f 函数、g 函数均满足以上条件。为了满足上述条件，复波数谱和 z 方向波数（垂直波数）必须满足以下条件：

$$f(k_x,k_y) = -g(k_x,k_y), \quad k_z^2 = \left[\frac{(2n+1)\pi}{2H}\right]^2, \quad n = 0,1,2,\cdots \quad (2\text{-}9)$$

式中，H 为波导的深度。式（2-9）给出了 f 函数和 g 函数的线性关系及 k_z 的取值定义域（满足边界条件的 k_z 离散取值集合）。将式（2-6）和式（2-7）代入式（2-8）可以验证：当式（2-9）成立时，边界条件恒等成立。

将式（2-9）代入式（2-6）得

$$P(x,y,z;\omega)$$

$$= c\sum_{n=0}^{\infty} \iint_{\mathbb{R}^2} k_{//}f(k_{//},\phi)e^{ik_{//}\cdot r}\sin\left(\frac{(2n+1)\pi}{2H}z\right)\delta\left(\frac{\omega^2}{c^2} - k_{//}^2 - \left(\frac{(2n+1)\pi}{2H}\right)^2\right)dk_{//}d\phi \quad (2\text{-}10)$$

式中，$k_{//}^2 = k_x^2 + k_y^2$ 定义水平波数；δ 表示狄拉克函数；c 为声速，这里是一个常数。利用狄拉克函数性质：

$$\int_{-\infty}^{+\infty}\delta(x-x_0)f(x) = f(x_0), \quad \delta(x^2-a^2) = \frac{\delta(x-a)+\delta(x+a)}{2|a|}dx \quad (2\text{-}11)$$

并将式（2-11）代入式（2-10），在极坐标 (r,φ,z) 下声场可以表示为

$$P(r,z;\omega) = c\sum_{n=0}^{\infty}\int_0^{2\pi}[f(k_n)e^{ik_n\cos\varphi} + f(-k_n)e^{-ik_n\cos\varphi}]\sin\left(\frac{(2n+1)\pi}{2H}\right)d\varphi \quad (2\text{-}12)$$

$$k_n \equiv \sqrt{\frac{\omega^2}{c^2} - \left(\frac{(2n+1)\pi}{2H}\right)^2} \tag{2-13}$$

式（2-12）给出了式（2-8）的一般解的平面波展开形式。

以上推导几乎包含了所有波导中声场的基本概念。

1. 波数离散化

式（2-9）表示，满足边界条件的波导声场不同于自由空间中的声传播，其垂直波数必须满足一定约束条件——波数离散化。

读者可能会问：由于声波速度有限，一个点源刚开始激发时并没有与界面作用，此时应该可以用球面波描述，所对应的水平波数谱 f 和 g 应该包含所有水平波数成分，为何最后声场只剩下一些离散的水平波数谱成分？问题的关键在于边界会产生虚源像，为了满足边界条件，必须有足够多的虚源叠加。这些虚源的干涉叠加使得满足边界条件的垂直波数被过滤出来。

这个问题实际上还包含了经典波动问题的一个富有深意的概念——射线-模态对偶性（ray-mode duality），可参考文献[10]给出的不同场表示形式之间的转换。

2. 简正波展开

式（2-12）和式（2-13）表示，满足波导边界条件的声场可以展开为离散数目的本征模态的线性叠加。本征模态在水声学中一般称为简正波模态。每一个自然数 n 对应一个模态，称为第 n 号简正波模态，它是沿 z 方向的驻波。水平面内存在向外辐射的传播模态和向内辐聚的传播模态，分别对应式（2-12）中括号里的两项。

利用欧拉公式将正弦函数分解为指数和形式，代入式（2-12）可以发现，每一号简正波场可以理解为在 r-z 平面内四组平面波的叠加形式。

3. 简正波频散

式（2-13）确定了简正波水平波数 k_n 与频率的关系，通常称之为简正波频散关系。与前文提到的频散关系不同，简正波频散关系由波导的边界条件决定。简正波的水平传播相速度和群速度分别表示为

$$c_{pn}(\omega) = \frac{c}{\sqrt{1 - \left[\frac{(2n+1)\pi c}{2H\omega}\right]^2}}, \quad c_{gn}(\omega) = \frac{\partial \omega}{\partial k_n} = c\sqrt{1 - \left[\frac{(2n+1)\pi c}{2H\omega}\right]^2} \tag{2-14}$$

两者均是频率的函数。对于不同的简正波模态，无论是相速度（波阵面传播速度）还是群速度（能量传播速度）均是频率的函数，因此不同的频率信号到达时间不同。

4. 截止频率

由式（2-14）可知，对应每一号简正波模态，存在一个特殊频率：

$$\omega_{cn} = \frac{(2n+1)\pi c}{2H} \tag{2-15}$$

该频率是简正波号数 n 和水深 H 的函数，其中 $n=0$ 对应的波长为半个水深。在这些频率中，$c_{gn}=0$ 意味着能量传播速度为零，与此对应的相速度则趋于无限大，这些频率被称为该号简正波的截止频率 ω_{cn}。此时该号简正波实际上无法在水体中水平传播，只能在局地垂直方向振荡。当 $\omega<\omega_{cn}$ 时，简正波相速度变为纯虚数，简正波沿水平方向传播时，随水平距离变大呈指数衰减。

5. 简正波本征函数的平面波展开形式

利用欧拉公式，可以将驻波项（正弦函数）展开为在垂直深度方向上行和下行的两组平面波，再结合水平轴向传播相位项 $\exp(\mathrm{i}k_{//}r)$ 就能得到在 r-z 平面内波矢量与水平方向的夹角为

$$\tan\theta_n(z) = \pm\frac{\sqrt{\omega^2/c(z)^2 - k_n^{\ 2}}}{k_n}, \quad n = 1, 2, \cdots \tag{2-16}$$

的两组平面波叠加形式。由于海洋波导的角度滤波特征，这个夹角被离散化。

6. 声场的不同表示方法

声场有各种不同的表示方法，根据波阵面几何可以分为球面波、柱面波和平面波展开等，分别表示为球函数、贝塞尔函数和傅里叶积分变换形式。从分离变量方法求解偏微分方程角度，简正波本征波数对应不同的坐标系中的分离变量。边界值问题也可以采用点源级数求和方法表示，通过虚源叠加来满足边界条件。相同的问题采用不同的表示形式，处理问题的难易程度完全不同。一种表示形式可以利用另外一种表示形式的线性叠加得到，譬如，球面波可以分解为无数个平面波的叠加。针对不同的声学问题，声场表示方法的选择标准是该方法是否为稀疏表示。稀疏表示具有更好的信息集中特性，或者说，刻画声场所需的正交基底个数最少的声场表示形式最佳。

在诸多表示方法中，**广义射线**方法与简正波方法之间的关系非常有意义。两者结合称为射线-简正波混合方法，在处理许多问题时有非常好的物理图像。广义射线与简正波的相互转换关系相当于同一积分变换解的不同级数展开形式：广义射线对应虚源展开，简正波对应留数展开。文献[1]和文献[10]都有非常独到的描述，值得参考。

2.2.2 分层海洋声波导点源简正波展开

海洋声信道是一个三维、时变、非均匀声波导。实际应用中影响几百赫兹以上频段声波传播的最主要水体声学特性是声速的深度分布 $c(x,y,z)$。在一阶近似下，海洋声信道被视作一种分层介质波导，波导在水平方向近似为各向同性、均匀介质，而深度方向的声学特性随深度变化。流场和密度分布变化及介质非均匀等性质被视作二阶效应。低频段（百赫兹以下）声波在海洋中传播，特别是在浅海，地声特性的作用明显。海底一般被认为是黏弹性介质，存在横波和纵波。海底介质的声衰减是低频声波传播耗散能量的主要渠道。对于低频远场声传播，起主导作用的海底介质一般局限于海底几个波长内的深度，水声学或海洋声学将其近似为液态介质（一般不直接考虑横波，而是将其等效为衰减机制）。

简正波方法作为描述海洋声传播的主要方法之一[1,11]，是将海洋声场分解为许多相互独立的简正波的叠加形式。由于简正波在声场的每一点都适用，不存在理论上的盲区，是海洋声学声场计算的主要方法。下面以典型波导为例，说明简正波方法，着重介绍其基本概念和规律。简正波方法在许多水声传播原理和海洋声学的文献中有详细描述，读者可以参考文献[1]、[10]～[16]。

1. 波导格林函数的简正波展开

在柱坐标系下，频域声波方程即亥姆霍兹方程为

$$\left[\rho\nabla\cdot\left(\frac{1}{\rho}\nabla\right)+k^2\left(r,\omega\right)\right]P\left(r,\omega\right)=f\left(r,\omega\right) \tag{2-17}$$

式中，$P(r,\omega):\mathbb{R}^3\times\mathbb{R}\to\mathbb{C}$ 为声场；$\rho:\mathbb{R}^3\to\mathbb{R}$ 为介质的密度分布；$k(r,\omega):\mathbb{R}^3\times\mathbb{R}\to\mathbb{C}$ 为介质波数分布，满足 $k(r,\omega)=\omega/c(z)$，$c(z)$ 为随深度 z 变化的声速；$f(r,\omega):\mathbb{R}^3\times\mathbb{R}\to\mathbb{C}$ 为源分布函数。

在水平分层海洋波导（也称水平不变波导）中，介质密度和声速分布等声学参数只与深度有关。考虑波导环境参数各向同性（轴对称），声源频率为 ω、深度为 z_s 的点源的轴对称亥姆霍兹方程可以写为

$$\frac{1}{r}\frac{\partial}{\partial r}\left(r\frac{\partial P}{\partial r}\right)+\rho(z)\frac{\partial}{\partial z}\left[\frac{1}{\rho(z)}\frac{\partial P}{\partial z}\right]+\frac{\omega^2}{c^2(z)}P=-\frac{\delta(r)\delta(z-z_s)}{2\pi r} \tag{2-18}$$

利用分离变量技术，齐次方程的解写作乘积形式 $P(r,z)=\psi(r)\phi(z)$，代入齐次方程，整理并两端除以 $\psi(r)\phi(z)$ 得到

$$\frac{1}{\psi}\left[\frac{1}{r}\frac{d}{dr}\left(r\frac{d\psi}{dr}\right)\right]+\frac{1}{\phi}\left[\rho(z)\frac{d}{dz}\left(\frac{1}{\rho(z)}\frac{d\phi}{dz}\right)+\frac{\omega^2}{c^2(z)}\phi\right]=0 \qquad (2\text{-}19)$$

式（2-19）两个方括号内的项依次是水平坐标 r 和垂向坐标 z 的函数，因此使该方程能够成立的唯一条件是：令式（2-19）的方括号项各自等于常数且互为相反数，第一项等于 k_{rm}^2，第二项等于 $-k_{rm}^2$。k_{rm}^2 称为分离常数。可以得到深度方向常微分方程如下：

$$\rho(z)\frac{d}{dz}\left[\frac{1}{\rho(z)}\frac{d\phi_m(z)}{dz}\right]+\left[\frac{\omega^2}{c^2(z)}-k_{rm}^2\right]\phi_m(z)=0 \qquad (2\text{-}20)$$

对于理想波导，边界条件设为——海面处为压力释放表面（绝对软），水深 D 处为理想的刚性海底（绝对硬）：

$$\phi_m(0)=0, \quad \left.\frac{d\phi_m(z)}{dz}\right|_{z=D}=0 \qquad (2\text{-}21)$$

式（2-20）和式（2-21）构成一个标准的施图姆-刘维尔本征值问题。这个本征值问题有无数个本征解，每个本征模态由深度 z 方向上满足边界条件的本征函数 $\phi_m(z)$ 和本征值（水平波数）k_{rm} 表征。如果考虑吸收可透射海底，上述问题并非常规意义的经典有界区域的施图姆-刘维尔本征值问题，本征值除离散谱外包含连续谱。

施图姆-刘维尔本征值问题的本征函数满足正交条件，取 $\rho(z)=1.0$，则有

$$\int_0^D \phi_m(z)\phi_n(z)dz=\delta_{nm}, \quad n\neq m \qquad (2\text{-}22)$$

和 L^2-完备性条件：

$$\sum_n \phi_n(z)\phi_n(z')=\delta(z-z') \qquad (2\text{-}23)$$

本征函数 $\phi_m(z)$（$m=1,2,\cdots$）构成一组完备正交基，因此任意函数可以表示成本征函数的线性叠加形式：

$$P(r,z)=\sum_{m=1}^{\infty}\psi_m(r)\phi_m(z) \qquad (2\text{-}24)$$

将式（2-24）代入式（2-19）并整理得

$$\sum_{m=1}^{\infty}\left\{\frac{1}{r}\frac{d}{dr}\left(r\frac{d\psi_m(r)}{dr}\right)\phi_m(z)+\psi_m(r)\left[\rho(z)\frac{d}{dz}\left(\frac{1}{\rho(z)}\frac{d\phi_m(z)}{dz}\right)+\frac{\omega^2}{c^2(z)}\phi_m(z)\right]\right\}$$

$$=-\frac{\delta(r)\delta(z-z_s)}{2\pi r} \qquad (2\text{-}25)$$

方括号中关于 z 的函数项可用式（2-20）代替，进一步简化得

$$\sum_{m=1}^{\infty}\left\{\frac{1}{r}\frac{\mathrm{d}}{\mathrm{d}r}\left[r\frac{\mathrm{d}\psi_m(r)}{\mathrm{d}r}\right]\phi_m(z)+k_{rm}^2\psi_m(r)\phi_m(z)\right\}=-\frac{\delta(r)\delta(z-z_s)}{2\pi r}\quad(2\text{-}26)$$

对式（2-26）进行以下运算：

$$\int_0^D 式(2\text{-}26)\times\phi_n(z)\mathrm{d}z\quad(2\text{-}27)$$

利用正交性关系式（2-23），式（2-26）中只有第 n 项被保留下来，从而得

$$\frac{1}{r}\frac{\mathrm{d}}{\mathrm{d}r}\left[r\frac{\mathrm{d}\psi_n(r)}{\mathrm{d}r}\right]+k_{rn}^2\psi_n(r)=-\frac{\delta(r)\phi_n(z_s)}{2\pi r\rho(z_s)}\quad(2\text{-}28)$$

零阶汉克尔函数满足非齐次贝塞尔微分方程式（2-28），因此

$$\psi_n(r)=\frac{\mathrm{e}^{\mathrm{i}\pi/4}}{4\rho(z_s)}\phi_n(z_s)\mathrm{H}_0^{(1,2)}(k_{rn}r)\quad(2\text{-}29)$$

零阶汉克尔函数有两类，即 $\mathrm{H}_0^{(1)}$ 和 $\mathrm{H}_0^{(2)}$，选择哪类取决于辐射条件。当时间因子取 $\exp(-\mathrm{i}\omega t)$，第一类汉克尔函数 $\mathrm{H}_0^{(1)}$ 满足 $r\to\infty$ 辐射边界条件，于是可以得

$$P(r,z)=\frac{\mathrm{e}^{\mathrm{i}\pi/4}}{4\rho(z_s)}\sum_{m=1}^{\infty}\phi_m(z_s)\phi_m(z)\mathrm{H}_0^{(1)}(k_{rm}r)\quad(2\text{-}30)$$

应用汉克尔函数的远场渐进近似，式（2-30）可以简化为

$$P(r,z)\propto\frac{\mathrm{e}^{\mathrm{i}\pi/4}}{4\rho(z_s)}\sum_{m=1}^{\infty}\phi_m(z_s)\phi_m(z)\frac{\mathrm{e}^{\mathrm{i}k_nr}}{\sqrt{k_nr}}\quad(2\text{-}31)$$

式（2-31）给出了最常见的单频、点源声场的远场简正波展开表示，即格林函数或信道脉冲响应。由式（2-31）可知，每一号简正波都将声场分解为沿深度方向驻波 $\phi_m(z)$ 和沿水平方向柱面传播的行波 $\mathrm{e}^{\mathrm{i}k_nr}/\sqrt{k_nr}$。需要注意：上述推导基于理想边界条件，不包含连续谱成分。一般液态海底包含连续谱成分（详细推导参考附录 A）。

对于非理想边界值问题，本征值问题包含离散和连续谱两部分。为了得到所有谱成分表示，对柱坐标系下的亥姆霍兹方程（2-18）采用傅里叶-贝塞尔积分变换（波数积分），一般解的积分变换形式可以写作

$$P(r,z)=\frac{1}{2}\int_{-\infty}^{\infty}G(z,z_s,k_r)\mathrm{H}_0^{(1)}(k_rr)k_r\mathrm{d}k_r\quad(2\text{-}32)$$

式中，格林函数 $G(z,z_s,k_r)$ 满足一般边界条件。应用复平面上围线积分，式（2-32）的积分可以写作两部分：

$$P(r,z)=\frac{e^{i\pi/4}}{4\rho(z_s)}\sum_{m=1}^{\infty}\phi_m(z_s)\phi_m(z)H_0^{(1)}(k_{rm}r)-\int_{C_{EJP}}\qquad(2\text{-}33)$$

式（2-33）的第一部分对应围线积分留数项的贡献，给出了简正波（离散谱）成分；第二部分对应沿复平面上支割线 C_{EJP} 积分，给出了连续谱成分。以上公式的具体推导说明可以参考附录 A。在远距离处，声场主要由离散成分决定，因此式（2-31）可以很好地描述远场声场。

2. 理想波导的简正波解

对于理想波导，本征值方程（2-20）的通解为

$$\phi_m(z)=A\sin(k_z z)+B\cos(k_z z)\qquad(2\text{-}34)$$

式中，A 和 B 是待定系数，垂直波数 k_z 满足频散关系式：

$$k_z=\sqrt{\left(\frac{\omega}{c}\right)^2-k_r^2}\qquad(2\text{-}35)$$

将通解式（2-34）代入边界条件式（2-21）得

$$B=0,\;Ak_z\cos(k_z D)=0\qquad(2\text{-}36)$$

式（2-36）存在系数非零解满足的条件为

$$k_z D=\left(m-\frac{1}{2}\right)\pi,\quad m=1,2,\cdots\qquad(2\text{-}37)$$

由式（2-35）和式（2-37），水平波数 k_{rm} 满足

$$k_{rm}=\sqrt{\left(\frac{\omega}{c}\right)^2-\left[\left(m-\frac{1}{2}\right)\frac{\pi}{D}\right]^2},\quad m=1,2,\cdots\qquad(2\text{-}38)$$

满足式（2-38）的水平波数即为理想波导简正波的本征波数。

将式（2-36）和式（2-37）代入式（2-34），简正波的本征函数可以写为

$$\phi_m(z)=\sqrt{\frac{2\rho}{D}}\sin(k_{zm}z),\quad m=1,2,\cdots\qquad(2\text{-}39)$$

以上由分离变量方法给出理想边界条件的简正波本征函数。与式（2-12）和式（2-13）比较，所有简正波的基本性质在前面已经包含。式（2-6）～式（2-13）推导强调波动方程解是傅里叶积分变换的特殊形式。将式（2-39）代入式（2-33），声场格林函数由式（2-40）给出：

$$P(r,z) = \frac{e^{i\pi/4}}{2D} \sum_{m=1}^{\infty} \sin(k_{zm} z_s) \sin(k_{zm} z) H_0^{(1)}(k_{rm} r) \qquad (2\text{-}40)$$

3. 匹克利斯波导的简正波解

匹克利斯（Pekeris）波导相对理想波导更接近实际海洋环境，海底用更符合实际的液体半空间近似，如图 2-4 所示。匹克利斯波导具有压力释放海面和可透声液体海底边界条件。假设海面和海底平行，环境参数水平不变，水体和海底声速分别为 c、c_b，一般情况下 $c < c_b$，密度分别为 ρ、ρ_b。

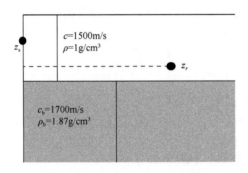

图 2-4　匹克利斯波导示意图

水体和海底介质的频散关系分别为

$$k_z = \sqrt{\left(\frac{\omega}{c}\right)^2 - k_r^2} \qquad (2\text{-}41)$$

$$k_{zb} = \sqrt{\left(\frac{\omega}{c_b}\right)^2 - k_r^2} \qquad (2\text{-}42)$$

这里需要强调的是，折射定律要求不同介质的水平波数 k_r 相同。同理想波导相同，采用分离变量法分别写出水体和海底垂向模态的一般解形式，利用水体、海底界面 $z=D$ 处边界条件，方程存在系数不为零解的条件由以下本征波数的特征方程决定：

$$\tan(k_z D) = -\frac{\mathrm{i}\rho_b k_z}{\rho k_{zb}} \tag{2-43}$$

式（2-43）是关于水平波数 k_r 的超越方程。将式（2-41）代入式（2-43）可以发现：由于方程出现纯虚数 $\mathrm{i}^2 = -1$，k_r 的实数解仅存在波数区间 $[\omega/c_b, \omega/c]$ 内。这一条件物理上对应正则简正波条件。上述超越方程同样存在该区间之外的复数水平波数解，这些解对应传播衰减模态。本征函数一般形式可以写为

$$\phi_m(z) = \sqrt{\frac{2\rho}{D}}\, a_m \sin(k_{zm} z), \quad m=1,2,\cdots \tag{2-44}$$

式中，a_m 表示模式的激励，a_m 通常也是频率的函数。

对于存在复杂声速剖面、分层海底等的实际海洋波导，其本征值问题一般只能利用数值方法来求解。KRAKEN 是常用的简正波数值求解软件，可以快速地计算出简正波的本征波数和本征函数，是水平不变波导的简正波声场数值计算的标准软件。

图 2-5 给出图 2-4 所示波导环境的前五号简正波本征函数。图 2-5（a）给出了 200Hz 频率前五号简正波的本征函数，简正波能量主要约束在水体中；图 2-5（b）给出第 2 号简正波本征函数随频率的变化，其截止频率约为 60Hz。由图可以看出，当频率远离截止频率时，简正波模态函数分布是频率的缓变函数，这种特性在后文中将会被频繁用到。

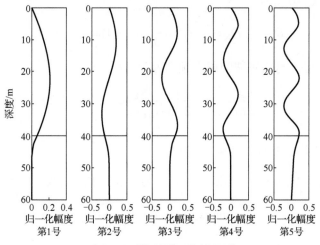

（a）200Hz 前五号简正波本征函数

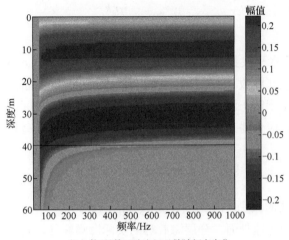

（b）第2号简正波本征函数随频率变化

图 2-5　匹克利斯波导简正波本征函数（彩图附书后）

水深 z_s、距离接收器水平距离 r 的点源格林函数离散谱成分由式（2-45）给出：

$$P(r,z) = \frac{e^{i\pi/4}}{2D} \sum_{m=1}^{M} \sin(k_{zm}z_s) \sin(k_{zm}z) H_0^{(1)}(k_{rm}r) \qquad (2\text{-}45)$$

式中，简正波本征波数 k_{rm} 是超越方程（2-43）的解；k_{zm} 为垂直波数，且满足式（2-41）。

对于匹克利斯波导，第 m 号简正波的截止频率 f_{om} 由方程式（2-43）决定，取 $k_{rm}=\omega/c_b$ 以及 $k_{zb}=0$ 得

$$k_{zm}D = \omega_{om}D\sqrt{c^{-2}-c_b^{-2}} = \frac{\pi}{2} + (m-1)\pi, \quad m = 1,2,\cdots \qquad (2\text{-}46)$$

由此得到第 m 号简正波的截止频率为

$$f_{om} = \frac{\omega_{om}}{2\pi} = \left(m - \frac{1}{2}\right)\frac{cc_b}{2D\sqrt{c_b^2 - c^2}}, \quad m = 1,2,\cdots \qquad (2\text{-}47)$$

4.　简正波解的平面波解释

针对以上典型波导，根据欧拉公式，简正波的本征函数可以展开为

$$\sin(k_{zm}z) = \frac{e^{ik_{zm}z} - e^{-ik_{zm}z}}{2i} \qquad (2\text{-}48)$$

忽略柱面扩展因子后，单个简正波对声场的贡献正比于

$$\left(e^{ik_{zm}z} + e^{-ik_{zm}z}\right)e^{ik_{rm}r} \qquad (2\text{-}49)$$

式（2-49）意味着第 m 号简正波可看作是由掠射角 θ_m 的上行平面波和下行平面波组成：

$$\theta_m = \arctan\left(k_{zm} / k_{rm}\right) \qquad (2\text{-}50)$$

对于匹克利斯波导，水平波数 $k_{rm}=\omega/c_b$ 对应的临界角为

$$\theta_c = \arctan\left[\sqrt{\left(\frac{c_b}{c}\right)^2 - 1}\right] \qquad (2\text{-}51)$$

简正波对应的平面波掠射角小于临界角 θ_c，声波全反射主要能量被束缚在水体中，不向下半空间辐射能量。

WKB 近似解具有直观的物理解释[10]，常被用于近似求解声速剖面随深度变化波导的简正波本征值和本征函数。决定简正波本征值的特征方程利用 WKB 近似可以写成以下形式：

$$2\int_0^D \sqrt{\left(\frac{\omega}{c(z)}\right)^2 - k_{rm}^2}\,\mathrm{d}z + \varphi_b + \varphi_s = 2m\pi, \quad m = 1,2,3,\cdots \qquad (2\text{-}52)$$

式中，φ_b 和 φ_s 分别表示海底和海面的反射相移，可由界面处的平面波反射系数求出。式（2-52）可以理解为驻波条件：声波传播往返一个周期的 z 方向相位差是 2π 的整数倍。文献中常称式（2-52）为 WKB 简正波相位条件。

5. 简正波频散特性

简正波频散现象是水声信道特性之一，表现为简正波本征波数是频率的非线性函数，由频散曲线刻画。图 2-4 所示波导的水平波数频散曲线如图 2-6 所示。

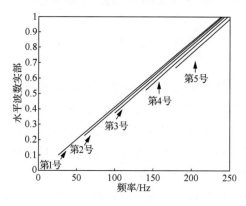

图 2-6　匹克利斯波导前五号水平波数实部随频率变化图

图 2-6 中各号简正波的截止频率随简正波号数增大而增大，当频率远大于简正波截止频率时，简正波本征波数与频率近似呈线性关系，此时频散弱。

图 2-7 给出了匹克利斯波导前五号简正波群相速频散曲线，即简正波相速度和群速度随频率变化的曲线。每一号简正波的相速度随频率增大而减小。群速度在接近截止频率附近存在极小值（圆圈标注），这个频率附近决定了时域波形的艾里波，地球物理相关文献中常称其为艾里震相。远离截止频率时，群速度随频率增大，趋近水中声速。在远离截止频率频段，相同频率时，高号简正波相速度大，而群速度小。宽带远场声信号结构由对声场起主要贡献的简正波以及波导的频散特性决定。对于脉冲信号，不考虑信噪比因素，仅就信号的到达时间顺序而言，首先到达的是通过海底界面传播的头波，其次是紧随群速度相近的一组简正波，艾里波的群速度最低，拖尾在信号最后部分，呈较规则的周期结构，其周期近似等于对应群速度曲线极限值位置的频率。

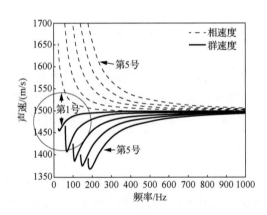

图 2-7　匹克利斯波导前五号简正波群相速频散曲线

2.3　浅海波导

浅海波导和深海波导是两类典型的声波导。浅海波导和深海波导是相对而言的，声学上并非利用水深或者简单的无量纲比值来区分。浅海波导的特点是所关心的绝大多数射线或者简正波不可避免地与海底相互作用；而深海波导由于存在深海声道轴，长距离传播的射线不与海底作用。从能量传播角度来看，浅海声传播能量不守恒，而深海声传播能量近似守恒。

由于浅海波导的上述特点，海底声学特性（也称地声特性）自然成为浅海声学的研究重点之一。根据水体声速分布特征常见的浅海波导主要有均匀波导和负温跃层波导两大类。均匀波导的经典例子是匹克利斯波导。负温跃层波导的水体声速分布存在一个强的温跃层，温跃层的上下部水体声速均匀，只在温跃层内部声速梯度明显。

对于典型的负温跃层波导环境，由于温跃层的存在，部分模态（或射线）可被约束在温跃层与（高声速）海底之间，简正波可分为两大类，参见图 2-8。

（1）简正波的 WKB 近似解表示恰好在温跃层内某处 z 满足 $k_{nz}(z)=0$，垂直波数等于零对应射线反转。这类简正波模态记作折射-海底反射（refracted and bottom reflected, RBR）模态，其本征函数结构与温跃层结构有着密切联系。RBR 模态一般可以长距离传播，但受温跃层起伏影响也大，是许多浅海声场起伏现象的主要影响因素。

（2）简正波本征函数穿透温跃层直至海面，此类简正波模态称为海面反射-海底反射（surface reflected and bottom reflected, SRBR）模态。SRBR 模态对应的下行平面波与海底相互作用会导致附加衰减吸收，一般只对近程的声场起作用。

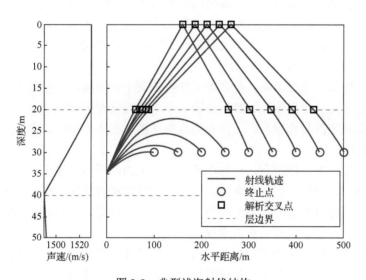

图 2-8　典型浅海射线结构

射线可以很好地描述浅海的声场结构，但一般被用于近距离的声场分析。对于远距离声传播，由于射线数目过多，而且不同射线的走时差非常接近，实验上很难区分，所以不适合用于远场声场分析。此时一般采用简正波方法描述声场更为方便。图 2-9 给出了典型低频浅海负温跃层环境下的低号简正波本征函数示意图。

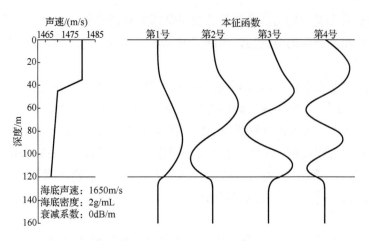

图 2-9   典型低频浅海负温跃层环境下的低号简正波本征函数示意图

图 2-9 中由左到右分别为第 1、第 2、第 3、第 4 号简正波本征函数，前三号简正波的能量集中在温跃层与海底之间的下层水体，对应 RBR 模态，第 4 号简正波贯穿整个水体，对应 SRBR 模态。射线方法和简正波方法是浅海声场分析中较为常用的两种方法。单号简正波一般对应一定数量的射线束的干涉；反之，单一射线束对应一定数目的简正波干涉[7,9]。

浅海声场的一个显著特点是**多途干涉特性或干涉结构**，可以利用以下时域信号观测"思考实验"形象地解释。考虑一个声源激发宽带脉冲信号，观测者在不同水平距离观测接收声信号，根据观测点与声源间的水平距离，声场观测可分为以下三个阶段。

第一阶段，在声源附近，譬如距离在几倍水深范围内，观测者会观测到相对清晰的脉冲串，可以解释为由海面、海底多次反射和直达射线构成。理论上可以想象为：声场由界面虚源像叠加构成。幸运的话，也可以观测到声源辐射信号经海底全反射后到达接收器的头波成分。

第二阶段，随着观测点与声源之间距离的增加，观测者开始观测到更多的脉冲串，脉冲数目增加、密集，不同射线路径的脉冲开始波形重叠，脉冲信号逐渐叠加形成长串波包。这个阶段射线描述已经到达极限，需要大量虚源叠加。同样的现象也可以理解为大量不同简正波的叠加。

第三阶段，随着观测点与声源之间距离的进一步增加，波形逐渐清晰地分离，信号波形明显展宽且逐渐呈现不同拖尾的分离波包。这些拖尾波包对应不同号简正波时域波形，拖尾越长对应号数越高。如果频段合适也可以观测到最尾部的艾里波。

以上三个阶段中，第一个阶段对应的观测区间属于射线方法优先使用区域，可以利用界面反射镜像概念理解，属于**射线区域**。第二个阶段对应的观测区间属于浅海声学最麻烦的区域，称作**多途干涉区域**，射线方法需要数目较大的射线来刻画声场，简正波方法需要数目较大的简正波模态来刻画声场，并且不同射线或者不同简正波模态间的干涉难以区分。第三个阶段对应的观测区间是简正波方法优先使用的区域，脉冲带宽较宽时各号简正波的延时差可以被清晰地区分出来。但是由于每一号简正波实际上是由一定数目的射线干涉形成，不同的射线走时不同，波形相对原始脉冲有明显展宽。这种现象从简正波角度来看，就是频散现象，这个区域可以称作**频散区域**，参见图 2-10。

图 2-10　浅海声传播区域分类

浅海声场的另外一个重要特性是简正波**模态剥离**（mode stripping）特性。当射线或平面波的入射角大于临界角，或者掠射角小于临界角时会产生全反射现象。入射声波的能量近似被全部反射回到水体（如果海底介质存在吸收或不平整界面散射，一部分声能量将会被衰减，表现为本征波数 k_n 含有正虚部），简正波中入射角 θ_n 大于全反射角的那些成分被称为正则简正波。通常简正波号数越大入射角越小，衰减系数越大。随着传播距离增大，高号简正波逐渐衰减，高号简正波或大掠射角射线能量因衰减而变弱，逐渐只剩下低号简正波或小掠射角射线。这个过程被称为**模态剥离现象**。某号简正波的衰减距离粗略地由其对应的衰减系数的倒数 $1/\alpha_n$ 决定。模态剥离现象是浅海声信道区别于深海声信道的主要特性之一。模态剥离特性从射线角度可以理解为海底的**角度或模态过滤特性**。

低频浅海问题的难点在于：多途干涉区域存在足够多的通道（射线或简正波），但是声学上这些通道所承载的信息难以被分离、提取；而频散区域虽然声场本身相对容易被提取、分离，但承载的声源信息会减少且潜在的声场变化因素增多。根据不同的实际问题，选择合适的声场表示十分关键。

2.4　深海波导

与浅海波导形成鲜明对比，深海波导一般由水体声速剖面结构决定。它可以采用射线和简正波方法进行描述。在深海问题中，简正波数目往往多于射线数目，简正波方法一般只用于分析会聚区特性问题。

图 2-11 是深海大洋 Munk 剖面模型和对应声源位于声道轴的射线结构[12]，图中 a_1 指射线的出射俯仰角，向海面为负，向海底为正，水平方向为 0°。

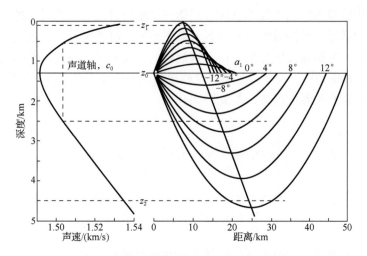

图 2-11   Munk 剖面模型和对应声源位于声道轴的射线结构[12]

图 2-11 所示声速剖面常被称为正则声道（canonical sound channel），其声速剖面由式（2-53）给出：

$$[c(z) - c_0]/c_0 = \varepsilon(e^\eta - \eta - 1) \qquad (2\text{-}53)$$

式中，c_0 是声道轴 $z=z_0$ 处的声速；$\eta = 2(z-z_0)/B$，B 是声道的等效宽度；$\varepsilon = B/2 \times 1.14 \times 10^{-2}$。这里给出的深海 Munk 剖面模型中声速分布只是深度的函数。图 2-11 中的参数分别为 $z_0 = B = 1.3\text{km}$，$c_0 = 1492\text{m/s}$。射线在水平方向形成周期结构，利用折射定律可以计算出这种结构的周期。文献[8]中给出了上半和下半射线周期的长度，分别为

$$D^\pm = D_0\left[1 - \left(\pm\frac{2\sqrt{2}}{3\pi}\hat{\varphi}\right) + \frac{1}{12}\hat{\varphi}^2 + \cdots\right] \qquad (2\text{-}54)$$

式中，$D_0 = B\pi\varepsilon^{-1/2}/2 = 23.7\text{km}$；$\hat{\varphi} = (\hat{c} - c_0)/\varepsilon c_0$，$\hat{c}$ 是射线反转点处的声速。由于声道轴上部温跃层的梯度大于下部温跃层，故前者的半周期短于后者。

图 2-12 为摘自文献[11]的计算结果，给出了声源均位于声道轴以上、接收垂直阵相距 1000km 的射线在相对到达时间-深度二维平面上的结构。图中正负号表示所接收的脉冲射线族离开声源向上方为负、下方为正。图中所标注两组数据

意义分别是：前者代表在声道轴上层水体反转的次数，后者代表在声道轴下层水体反转的次数。譬如，图 2-12 中-15.15 表示接收到的这条射线由下方离开声源，在声道轴的上下层水体分别反转 15 次后到达接收阵。由于接收阵水听器的深度不同，射线族到达时间也不同。其中相对到达时间定义为　$\tau=t-t_0$，t_0 是沿声道轴直达的射线传播时间。由于声道轴声速最小，所以这条射线最后到达，其他射线族相对它均超前到达，所以相对到达时间数值均为负值。

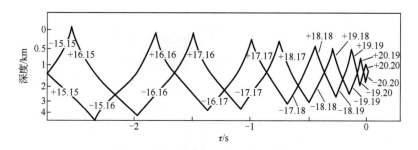

图 2-12　相对到达时间-深度二维射线结构图[11]

　　深海波导的声场存在会聚区现象。从射线分析角度来看，一定角度区间内出射的射线在距离声源一定距离、一定深度的区域会聚，会聚区内的声场能量汇集。会聚区与声源深度、声波频率和声速剖面具体结构有关。第一、第二会聚区的水平尺度一般约为 50km。在两个会聚区之间存在影区，影区只有海底反射射线能够到达。由于海底反射损失，影区的声场相对弱，但其声场干涉现象却非常明显。

　　深海声传播的一个基础应用问题是会聚区的辨识问题，尤其是第一、第二会聚区的辨识。从射线仿真角度来看，水平不变深海环境下，射线呈周期结构。如何区分不同会聚区声源激发的声场是一个有实际应用意义的问题。简正波方法可以提供部分线索，例如：①随着传播距离增加声场的垂直维分布会产生变化；②会聚区与所谓射线影区边缘处的声场会发生变化。利用射线理论解释，这些不同会聚区声场变化的现象是菲涅耳衍射效应随着距离增加而增强导致的。

　　如何在解决实际问题的过程中应用这些物理特性至关重要。在实际应用中存在另外一个问题：实际海洋环境下，即使是深海波导，在水深 200m 甚至 300m 以上的水层依然存在较强的线性随机内波成分。长距离传播的相位随机化影响不可忽略，理论上在足够远的距离处，简正波会聚模态由内波导致的相位随机化和简正波耦合会趋向简正波能量均分化。

2.5　声传播三维效应

在陆坡、陆架或者海底山等强切割地形环境下，由于与海底作用，低频声传播表现出明显的三维效应，声场不再呈轴对称特性，在水平面内存在声场分布差异。图 2-13 给出抛物方程数值计算的斜坡区域的声场分布例子，声源位于斜坡上方[13]。

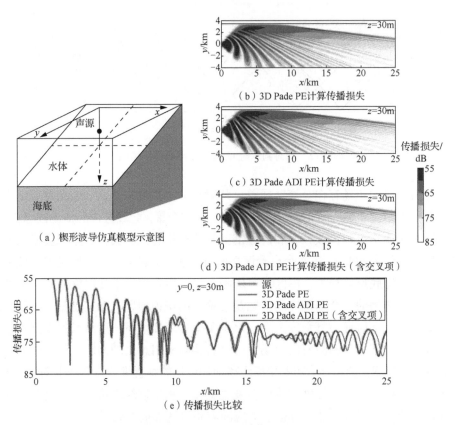

（b）3D Pade PE计算传播损失

（c）3D Pade ADI PE计算传播损失

（a）楔形波导仿真模型示意图

（d）3D Pade ADI PE计算传播损失（含交叉项）

（e）传播损失比较

图 2-13　斜坡声场三维分布[13]（彩图附书后）

图 2-13（a）是楔形波导仿真模型示意图，海底模型假设为单层半无界液态海底。图 2-13（b）～（d）是三种数值模式计算得到的 z=30m 水深、x-y 水平面区域、频率 25Hz 点源声场分布。声场在水平面内的干涉结构表现出三维特性。由于实际海洋声场的三维效应的测量难度非常大，三维声场研究一般多局限于数值仿真层面。目前仅有少数实验研究间接地说明了声场存在三维效应。文献[12]

重新分析了 1979 年夏季在墨西哥湾坎佩切浅滩开展的 Church Stroke III（CSIII）实验数据，结果表明：利用 CSIII 实验数据可观测到浅滩折射路径脉冲信号。图 2-14 给出了折射和直达的路径长度差。

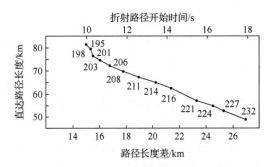

图 2-14　CSIII 坎佩切浅滩声学实验折射和直达路径的长度差[12]

图 2-15 标出了声学数据舱（acoustic data capsule，ACODAC）垂直阵标号 11 的水听器接收到的不同距离声源的 5～500Hz 频段的宽带声信号相对到达时间结

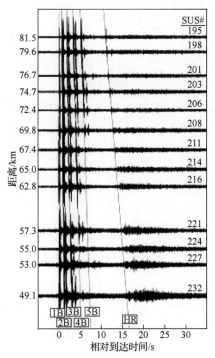

图 2-15　CSIII 坎佩切浅滩声学实验脉冲相对到达时间结构[14]

SUS#为水下声源信号编号

构[14]。其中标注 B 的相对到达时间结构对应海底反射直达波，而标注 HR 的相对到达时间结构对应经过浅滩的水平折射路径贡献。作者通过理论建模，采用抛物方程声场计算软件，计算了中心频率 25Hz、带宽 5Hz 的脉冲到达结构，结果与实验数据基本吻合。

　　当水体存在中尺度现象，如中尺度涡或非线性海洋内波等，声传播也会表现出三维效应。中尺度涡除了影响声源-接收器断面内二维声传播特性外，还可能产生水平折射效应，这取决于中尺度涡导致的水平方向声速梯度的大小。

　　图 2-16 给出了文献[15]中数值仿真海域的第 1 号简正波在绝热近似下在 x-y 水平面内路径（参考第 3 章有关水平折射简正波计算方法）。粗线表示忽略水体变化得到的本征声线路径，细线表示考虑水体变化的本征声线变化。水体环境采用麻省理工学院大气环流模型（Massachusetts Institute of Technology General Circulation Model，MITgcm）计算得到。

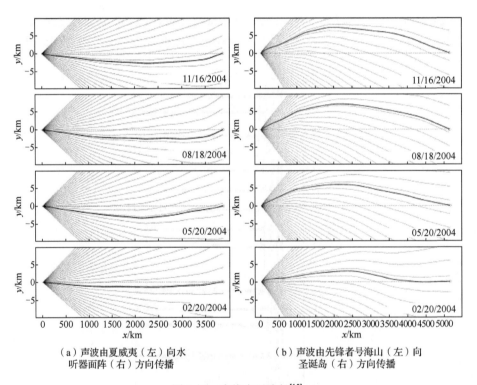

（a）声波由夏威夷（左）向水　　　　（b）声波由先锋者号海山（左）向
　　听器面阵（右）方向传播　　　　　　　圣诞岛（右）方向传播

图 2-16　声线水平路径[15]

Dushaw[15]以东北太平洋和菲律宾海为例，分析讨论了水体水平非均匀性导致的水平折射效应对低频声层析可能的影响，得出结论：在海盆尺度，折射与非折射路径对应的水平距离相差 5km，折射导致时间变化为 5～10ms，角度约 0.2°；涡旋尺度特征影响明显，但海底地形的影响相较水体影响更大；而在 500km 尺度下影响更小，水平距离偏移约 250m，时差变化小于 0.5ms。类似的实验结果和理论分析在 Badiey 等[16]的论文中也有报道，其试验在相距 3900km 的跨度接收信号。

　　在过去的二三十年中，海洋内波环境的声传播问题是涉及声场环境效应出现频度较高的话题[15]。非线性内波可以导致声传播的简正波耦合和水平折射效应。内波（线性随机+非线性）被认为是浅海环境低频声传播时间起伏的主要原因。

　　图 2-17 和图 2-18 取自文献[17]。图 2-18（a）～（c）的声波频率为 200Hz；图 2-18（d）～（f）的声波频率为 400Hz。图 2-18（a）对应随机内波背景，图 2-18（b）～（d）对应非线性内波背景，图 2-18（e）、（f）是随机内波叠加非线性内波。当随机内波存在时，声场表现出随机特性，而非线性内波导致声场复杂的规则干涉。声场的垂向结构明显随水平方位变化。相较随机内波导致的声场随机起伏，非线性内波会导致声场分布强烈起伏，但表现为相对稳定、规则的时空结构[17-19]。

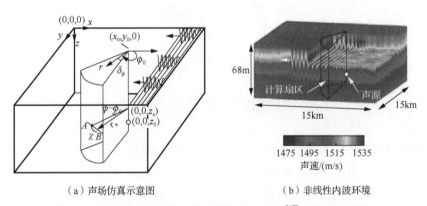

（a）声场仿真示意图　　　　　　　（b）非线性内波环境

图 2-17　非线性内波环境下的声场仿真示意图[17]（彩图附书后）

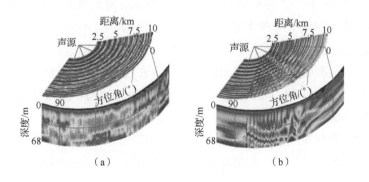

（a）　　　　　　　　　　　　　　　（b）

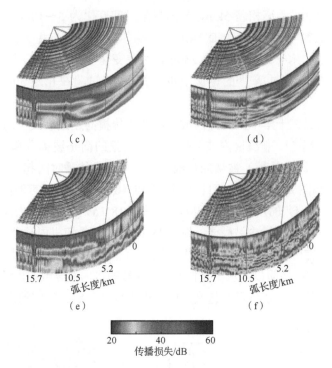

图 2-18　三维声场分布[17]（彩图附书后）

2.6　海洋随机介质中的声传播

声波在海洋中的传播问题是一种随机介质中的波动问题。随机介质中的波传播问题覆盖广泛的研究领域，如电磁波在电离层传播问题和地球物理勘探应用等[20-21]。20 世纪 70～80 年代，伴随激光应用技术发展，随机介质散射领域出现了一些有趣的研究方向，例如，散斑（speckle）[22]、安德森局域化（Anderson localization）和背向相干增强等[23]。随机介质散射导致的波动问题常常有局部相干结构存在[23]。即使观测到场分布图案完全杂乱，但场的相位信息依然存在，这取决于随机介质的时空相关半径与探测波束时频特性及其观测分辨尺度。随机介质中的场控制研究也是经典场近三十年来相对活跃的研究方向，如时反成像、单像素相机（single-pixel camera）等。海洋随机介质声传播问题有别于其他研究方向，随机介质的时变特性更加复杂。

传统的随机介质中波传播问题主要研究波动的统计特性，即场的各阶统计量的关系，这类统计处理是一个相对成熟的研究领域。海洋声传播作为随机介质中的传播问题由来已久，早期海洋介质中的声传播起伏问题研究主要集中在高频射线描述，有关经典处理方法可参阅文献[1]、[10]。

20 世纪 70 年代，Flatte[24]应用路径积分方法处理随机起伏海洋介质中的声传播问题，提出 Λ-Φ 图（衍射-相位起伏均方根图）刻画声场起伏。对于随机内波环境中的低频声传播问题，射线 s 沿路径 Γ 的衍射参数 Λ 和相位起伏均方根 Φ 由式（2-55）给出[9]：

$$\Lambda = \frac{k_0^2}{\Phi^2} \int_{\Gamma} \left\langle \mu^2(z) \right\rangle L_p(\theta, z) \frac{\{m^2\} R_f^2(s)}{2\pi} \mathrm{d}s, \quad \Phi^2 = k_0^2 \int_{\Gamma} \left\langle \mu^2(z) \right\rangle L_p(\theta, z) \mathrm{d}s \quad （2\text{-}55）$$

式中各量的定量描述参照文献[9]、[25]，$\left\langle \mu^2(z) \right\rangle$ 为 z 深度处的声速方差，$L_p(\theta,z)$ 为射线在局部 θ 方向的相关半径，$R_f^2(s)$ 定义为射线轨迹 s 处的法向菲涅耳半波带尺度。衍射参数 Λ 相当于正比菲涅耳半波带宽度 $\{m^2\} R_f^2(s)$ 沿射线传播路径的加权平均。

随着对低频声传播应用需求的提高，20 世纪 70 年代末 Dozier（多齐尔）和 Tappert（塔珀特）讨论了基于简正波耦合概念的海洋随机介质中的低频声传播计算方法[26-27]（这里简称 DT 方法）。DT 方法是目前许多研究工作的出发点。本节将扼要介绍这种方法的基本思路，详细理论推导参考文献[26]、[27]。

考虑以下随机介质中的波动问题：

$$\nabla^2 \Phi(x, y, z; k) + k^2 n^2(x, y, z) \Phi(x, y, z; k) = 0 \quad （2\text{-}56）$$

式中，$k \in \mathbb{R}$ 是波数，$\Phi(x,y,z;k): \mathbb{R}^3 \times \mathbb{R} \to \mathbb{C}$ 是一个标量复数值函数，$n(x,y,z): \mathbb{R}^3 \to \mathbb{R}$ 是一个随机折射率场。海洋环境存在各种不同时间、空间尺度变异，折射率按照时间-空间尺度可以分解为

$$n(x, y, z) = n_0(z) + \Delta n_1(x, y, z; \tau) + \Delta n_2(x, y, z; \tau) \quad （2\text{-}57）$$

式（2-57）中，右端第一项由年际平均结构决定；第二项受季节变化因素如浅海温跃层、中尺度涡等的影响；第三项包含快变因素如随机内波、非线性内波等的影响。同样不可忽略的是海底地形、地貌及其底质声学的空间分布特性。但 DT 方法主要考虑水体环境的影响，不涉及海底地形、地貌和底质声学分布问题。这里假设海底是平坦的液态或者固态介质。

本章前面几节以定性描述为主，定量的刻画只考虑了式（2-57）右端的第一项。这种介质被称为分层介质波导或者水平不变波导，强调水声环境只是深度的函数。本章主要介绍一种处理第三项对声场影响的方法，而第二项对声场的影响可以利用第 3 章介绍的水平折射简正波方法进行分析。

2.6.1 Dozier-Tappert 前向耦合简正波方程

为了从物理上解释海洋随机介质中的低频声场起伏的统计特性，Dozier 等[26-27] 在 1978 年推导了一组常微分方程组，用来描述声场简正波展开系数随传播距离的变化特性。

假设在无随机扰动的情况下，声速剖面记为 $c_0(z)$，线性内波会诱导声速场起伏，可以表示为

$$c(r,z) = c_0(z) + \delta c(r,z) \tag{2-58}$$

背景声速剖面 $c_0(z)$ 环境下，声场简正波本征函数为 $\phi_m(z)$，本征波数为 k_m，简正波本征函数和本征波数满足

$$\frac{\mathrm{d}^2\phi_m(z)}{\mathrm{d}z^2} + \frac{\omega^2}{c_0^2(z)}\phi_m(z) = k_m^2\phi_m(z), \quad m = 1,2,3,\cdots \tag{2-59}$$

对于任意声速场 $c(r,z)$，声场 P 满足频域的亥姆霍兹方程：

$$\nabla^2 P + \frac{\omega^2}{c^2(r,z)}P = 0 \tag{2-60}$$

将声场用背景分层介质环境的简正波本征函数展开为

$$P(r,z,\omega;z_\mathrm{s}) = \sum_m \frac{A_m(r)}{\sqrt{k_m r}}\phi_m(z) \tag{2-61}$$

注意，柱面波扩散因子 $1/\sqrt{k_m r}$ 已经含在公式之中。将式（2-61）代入式（2-60），整理得到

$$\sum_m \frac{A_m(r)}{\sqrt{k_m r}}\frac{\mathrm{d}^2\phi_m(z)}{\mathrm{d}z^2} + \sum_m \frac{\phi_m(z)}{\sqrt{k_m r}}\frac{\partial^2 A_m(r)}{\partial r^2} + \frac{1}{4r^2}\sum_m \frac{A_m(r)}{\sqrt{k_m r}}\phi_m(z)$$
$$+ \frac{\omega^2}{c^2(r,z)}\sum_m \frac{A_m(r)}{\sqrt{k_m r}}\phi_m(z) = 0 \tag{2-62}$$

只考虑远场问题，忽略式（2-62）中的 $\frac{1}{4r^2}$ 项得

$$\frac{1}{\sqrt{r}}\sum_m \frac{1}{\sqrt{k_m}}\left\{A_m(r)\left[k_m^2 - \frac{\omega^2}{c_0^2(z)}\right]\phi_m(z) + \frac{\partial^2 A_m(r)}{\partial r^2}\phi_m(z) + \frac{\omega^2}{c^2(r,z)}A_m(r)\phi_m(z)\right\} = 0 \tag{2-63}$$

式（2-63）两边乘 $\phi_n(z)$ 并对 z 积分，应用简正波本征函数的近似正交性得

$$\frac{\partial^2 A_n(r)}{\partial r^2} + k_n^2 A_n(r) = -\sqrt{k_n} \sum_m \int_0^D \left[\frac{\omega^2}{c^2(r,z)} - \frac{\omega^2}{c_0^2(z)} \right] \frac{\phi_m(z)\phi_n(z)}{\sqrt{k_m}} A_m(r) \mathrm{d}z \quad (2\text{-}64)$$

式（2-64）定义了一个二阶联立常微分系统。声速的空间变化引入简正波模态之间的耦合。式（2-64）右端项可视作二次"源"激发简正波耦合，故又被称为耦合简正波方程。声场通常包含前向传播和后向传播两部分。当只考虑传播问题时，可以忽略后向传播耦合，仅取前向传播成分，称为前向散射近似（forward scattering approximation, FSA）。

令

$$A_n(r) = a_n(r) \mathrm{e}^{\mathrm{i}k_n r} \quad (2\text{-}65)$$

式（2-64）的二次导数项可化作：

$$\frac{\partial^2 A_n(r)}{\partial r^2} = \frac{\partial^2 a_n(r)}{\partial r^2} \mathrm{e}^{\mathrm{i}k_n r} + 2\mathrm{i}k_n \frac{\partial a_n(r)}{\partial r} \mathrm{e}^{\mathrm{i}k_n r} - a_n(r) k_n^2 \mathrm{e}^{\mathrm{i}k_n r} \quad (2\text{-}66)$$

假设介质声速扰动的空间变化相对声波波长是一个空间缓变量，式（2-66）中第一项与第二项相比可以忽略，即满足

$$\left| \frac{\partial^2 a_n(r)}{\partial r^2} \right| \ll \left| 2\mathrm{i}k_n \frac{\partial a_n(r)}{\partial r} \right| \quad (2\text{-}67)$$

因此在前向散射近似下，式（2-64）可以简化为

$$\frac{\partial a_n(r)}{\partial r} = \frac{-1}{2\mathrm{i}} \sum_m \int_0^D \left[\frac{\omega^2}{c^2(r,z)} - \frac{\omega^2}{c_0^2(z)} \right] \frac{\phi_m(z)\phi_n(z)}{\sqrt{k_m k_n}} a_m(r) \mathrm{e}^{-\mathrm{i}k_{nm} r} \mathrm{d}z \quad (2\text{-}68)$$

对于随机内波扰动，假设 $\delta c \ll c_0$ 成立，声速扰动公式近似为

$$\frac{\omega^2}{c^2(r,z)} - \frac{\omega^2}{c_0^2(z)} \approx -\frac{2\omega^2}{c_0^3(z)} \delta c(r,z) \quad (2\text{-}69)$$

将式（2-69）代入式（2-68）并整理得

$$\frac{\partial a_n(r)}{\partial r} = -\mathrm{i} \sum_m R_{nm}(r) a_m(r) \quad (2\text{-}70)$$

式中，

$$R_{nm}(r) = \int_0^D \frac{\omega^2}{c_0^3(z)} \frac{\phi_m(z)\phi_n(z)}{\sqrt{k_m k_n}} \delta c(r,z) \mathrm{e}^{-\mathrm{i}k_{nm} r} \mathrm{d}z, \quad k_{nm} = k_n - k_m \quad (2\text{-}71)$$

式（2-69）和式（2-70）构成 Dozier-Tappert 的单向耦合简正波方程（coupled normal mode equation），有时也被称为控制方程（master equation）。式（2-71）定义的矩

阵被称为耦合矩阵。为了得到这个公式，推导过程做了三个近似：远场近似、前向散射条件近似及内波引起的微小声速扰动近似。

内波引起的微小声速扰动会导致声场能量在各号简正波之间转换。式（2-71）是分析随机内波中声场起伏统计特性的基础，可以分析声场能量在各号简正波之间的转换，给出声压的二阶矩和四阶矩统计特性。

当考虑界面起伏导致的简正波耦合情形时，除式（2-71）形式的耦合矩阵外，应考虑界面起伏的影响。Thorsos 等[28-29]考虑了这一问题，对应的附加耦合矩阵项为

$$R_{mn}^{\mathrm{SW}} = -\frac{h(r)}{2\rho_0(0)} \frac{1}{\sqrt{k_n k_m}} \frac{\mathrm{d}\phi_n}{\mathrm{d}z} \frac{\mathrm{d}\phi_m}{\mathrm{d}z} \tag{2-72}$$

式中，R_{mn}^{SW} 为界面起伏引起的第 m 号和第 n 号简正波的附加耦合项；$h(r)$ 为界面起伏量；$\rho_0(0)$ 为界面位置处海水介质的密度。

当不考虑温跃层和界面起伏导致的简正波之间的二次耦合效应时，式（2-71）和式（2-72）定义的耦合矩阵相加构成整个耦合矩阵。给定环境模型，可利用数值计算求解方程（2-70）。

这里做以下两点说明。

（1）式（2-70）在形式上可利用路径积分或戴森级数展开方法求解。需要注意的是：由于 R 矩阵不满足埃尔米特阵性质，许多量子系统的物理结论不能移植。此外，改进式（2-70）和式（2-71）推导的方法可以有多种。譬如，上述公式推导中，采用背景环境本征函数、本征波数作为参考。也可以对式（2-65）应用绝热近似，这样做会更好地保证声场相位精度。式（2-70）的直接差分近似由式（2-73）给出：

$$A(r + \Delta r) = [I - \mathrm{i}R]A(r) \tag{2-73}$$

式中，I 为单位矩阵；Δr 为水平距离间隔。

（2）经典波动中求解散射问题常采用玻恩近似处理，但是需要注意的是：玻恩近似一般对"点"或局部散射问题有效。这种近似忽略了散射过程的相移因素，对于一般非均匀介质传播问题应避免采用，主要原因为相位累积无法在玻恩近似中考虑。替代玻恩近似的一种处理方法称为雷托夫近似，相当于用 WKB 近似替代玻恩近似中的格林函数，以确保相位精度。这种处理相当于式（2-65）的水平相移采用绝热近似。如果试图求解解析近似解，格林函数还可以采用渐进射线方法构造。

非均匀介质中的经典波动问题和量子力学中势场的散射问题有很大相似之处，很多数学物理方程求解方法可以互相借鉴。虽然这些理论的研究在目前科研活动中属于小众群体行为，但是这些方法和理论的学习对于深入理解物理现象和

改进数值计算方法本身非常有用。有兴趣的读者可以参考 Newton 的经典著作[30]。该书的最后一章有关三维单粒子势散射的逆散射理论部分，即对于水声和地球物理反问题应用研究，即使在现在依然具有很好的指导性意义。

2.6.2　声场幅度起伏特性分析

内波诱导的声速扰动会导致声波传播具有不确定性。在水声学中，声压的强度是一个关键观测量，声强 I 可以写成相干部分和非相干部分的和：

$$\langle I \rangle = \langle PP^* \rangle = \sum_m \frac{\langle |a_m|^2 \rangle}{k_m r} \phi_m^2 + \sum_m \sum_{n \neq m} \frac{\langle a_m a_n^* \rangle \mathrm{e}^{ik_{mn}r}}{\sqrt{k_m k_n} r} \phi_m \phi_n \tag{2-74}$$

式中，$\langle \ \rangle$ 表示对随机介质的统计平均。假设声场简正波满足随机相位的近似条件，不同模态系数间统计相互独立（即忽略模态相互干涉）：

$$\langle a_m a_n^* \rangle = \langle |a_m|^2 \rangle \delta_{mn} \tag{2-75}$$

此时平均声强计算只需考虑非相干部分的能量，即 $\langle |a_m|^2 \rangle$，这个统计量满足以下方程：

$$\frac{\mathrm{d}}{\mathrm{d}r} \langle |a_n(r)|^2 \rangle = \sum_m \sum_{n \neq m} 2\pi \langle |\hat{s}_{nm}(k_{nm})|^2 \rangle \cdot \left[\langle |a_m(r)|^2 \rangle - \langle |a_n(r)|^2 \rangle \right] \tag{2-76}$$

式（2-76）描述声场模态能量随距离变化的情况，称为耦合功率方程（coupled power equation）。以上部分在讨论声强时忽略了相干部分的影响。随机相位的近似条件是一种理论假设，在具体应用中需要慎重检验。

DT 方法起初只考虑深海声传播问题，当海深大于共轭深度时，深海声道近似表现为能量守恒信道（不与海底相互作用）。但是，这种假设在浅海不成立，浅海的模态剥离现象会使得高号简正波消亡。文献[9]、[18]、[19]、[25]、[29]、[31]~[33]讨论了浅海环境中的声场起伏现象，并完善地描述了声场二阶矩和包含简正波相干成分的四阶矩的统计特性。在浅海区域，由于海底衰减的影响，声场远距离传播后能量都集中到低号简正波当中。这与随机内波导致的各号简正波能量均分现象产生了竞争。Creamer[31]首先意识到浅海环境下模态耦合与模态剥离之间的竞争效应。Colosi 等[25]做了大量的理论推导和仿真计算。Colosi 等的研究表明：对于浅海与深海环境，随机介质中的声波传播存在明显差异；对于大西洋的一个典型浅海随机介质环境，在几百赫兹的低频段（文献[25]中仿真频率为 200Hz 和 400Hz），低号简正波模态在几十千米尺度上表现出较好的绝热特性，直至几千赫兹频段，没有明显的强耦合存在。

在几百赫兹频段，几分钟到几十分钟的观测时间尺度内，声波传播几十千米的距离，海洋随机内波被公认为是声场时间起伏的主要"责任人"。无论是理论还是实验研究都基本证实了这一点。在结束本节随机内波环境下的声场起伏特性说明之前，从直观物理角度解释相关现象非常有益。随机内波环境导致的声场时变起伏主要体现在两个方面：相位随机化和简正波耦合导致的模态能量均分趋势。当模态在温跃层附近反转时，随机内波导致的温跃层起伏会加剧模态相位随机化和相邻模态间耦合。但当频率降低时，低频段的低号简正波可以穿透温跃层，温跃层起伏导致的传播相位起伏相对小。而随着频率增加，温跃层附近反转模态个数增加，声场起伏、简正波耦合不可忽略。当进一步考虑海面波浪导致的界面起伏时，海面起伏会导致那些在海面附近反转的高号简正波产生明显的耦合和相位随机化。当海面界面起伏和温跃层起伏同时存在时，高频声传播出现明显的模态能量均分化[34]。这种现象也可以用上面的定性描述解释。文献[35]～[38]讨论了起伏环境下声传播的信号时间、空间相关统计特性。

近似地判断相位随机化和简正波耦合强弱并非难事。当内波导致的相邻简正波的相位扰动的累积量 $\sum(\Delta k_{n,n+1}\lambda_{n,n+1})\geqslant\pi$，亦即一个简正波跨度的尺度范围内相位起伏大于等于 π 时，即使绝热近似成立，声场的空间干涉结构也已经变得模糊。类似地，当式（2-69）耦合矩阵的非对角元素与背景环境的波数差 $\Delta k_{n,n+1}$ 在同一数量级时，耦合效应明显。这一点可以用求解一个线性代数方程问题类比。当矩阵的非对角元素与对角元素的差在同一数量级时，按照代数方程的微扰求解法，非对角元素的影响不可忽略。

避开水体随机内波时变影响的一个渠道是发展低频声探测与信号处理。当频率降至十几赫兹甚至几赫兹频段时，声波在水体中的波长在几百米甚至千米区间。低号简正波可以穿透温跃层，受温跃层起伏影响减弱。但此时，海底地质结构和地声特性对声传播的影响会逐渐占主导地位。除了目前讨论的声简正波耦合现象外，还需要进一步考虑弹性波模态（特别是弹性表面波模态）间及弹性波模态与水体中简正波模态耦合问题，以及弹性波模态与地声参数的空间非均匀性关系。然而，相对水体起伏导致的声场的时空特性变化，只需要考虑声场的空间相关特性。

2.7 小　结

本章简要回顾了水声传播相关基础、简正波的基本性质、耦合简正波声传播和随机介质中的声传播特性。传统意义上，水声物理重在解释水声传播相关的基本现象和机理。20 世纪 70 年代后，随着计算机能力的不断提高，声场数值预报方法发展较快，声场计算软件可以很好地用于讨论水声物理问题。

　　声场计算方法研究非常重要，随着计算机计算能力的提高和人类对海洋动力学过程认识的提高，基于数值仿真的声场预报会越来越准确、精细。但海洋环境时空变化、声波波长与物理海洋过程空间尺度差几个数量级，精细建模与环境不确定性之间相互矛盾，如何评判数值预报方法在水声实际应用中所起的作用依然是一个大问题。声场表示形式在一定程度上不依赖环境模型细节，是一种唯象表示。因此，建模的复杂性与实际应用两者之间必须有所权衡。同时，发展受环境因素特别是水体随机内波影响小的环境适应信号处理方法非常重要。

参 考 文 献

[1] Brekhovskikh L M, Lysanov Y P. Fundamental of ocean acoustics[M]. New York: Springer-Verlag, 2003.

[2] Munk W H, Wunsch C. Ocean acoustic tomography: a scheme for large scale monitoring[J]. Deep Sea Research Part A: Oceanographic Research Papers, 1979, 26(2): 123-161.

[3] Munk W H, Forbes A. Global ocean warming: an acoustic measure[J]. Journal of Physical Oceanography, 1989, 19(11): 1765-1778.

[4] Mikhalevsky P N, Gavrilov A N, Baggeroer A B. The transarctic acoustic propagation experiment and climate monitoring in the Arctic[J]. IEEE Journal of Oceanic Engineering, 1999, 24(2): 183-201.

[5] Dushaw B D, Howe B M, Mercer J A, et al. Multimegameter-range acoustic data obtained by bottom-mounted hydrophone arrays for measurement of ocean temperature[J]. IEEE Journal of Oceanic Engineering, 1999, 24(2): 202-214.

[6] Kozubskaya G I, Kudryashov V M, Sabinin K D. On the feasibility of the acoustic halinometry of the Arctic Ocean[J]. Acoustical Physics, 1999, 45(2): 217-223.

[7] Worcester P F, Dzieciuch M A, Mercer J A, et al. The North Pacific Acoustic Laboratory deep-water acoustic propagation experiments in the Philippine sea[J]. Journal of the Acoustical Society of America, 2013, 134(4): 3359-3375.

[8] Zhou J X, Zhang X Z, Rogers P H. Resonant interaction of sound wave with internal solitons in the coastal zone[J]. The Journal of the Acoustical Society of America, 1991, 90(4): 2042-2054.

[9] Colosi J A. Acoustic mode coupling induced by shallow water nonlinear internal waves: sensitivity to environmental conditions and space-time scales of internal waves[J]. The Journal of the Acoustical Society of America, 2008, 124(3): 1452-1464.

[10] 汪德昭, 尚尔昌. 水声学[M]. 2 版. 北京: 科学出版社, 2013.

[11] Chapman C H. Fundamentals of seismic wave propagation[M]. London: Cambridge University Press, 2004.

[12] Munk W H. Sound channel in an exponentially stratified ocean with application to sofar[J]. Journal of the Acoustical Society of America, 1974, 55(2): 220-226.

[13] Lin Y T, Collis J M, Duda T F. A three-dimensional parabolic equation model of sound propagation using higher-order operator splitting and Padé approximants[J]. Journal of the Acoustical Society of America, 2012, 132(5): 364-370.

[14] Sagers J D, Ballard M S, Knobles D P. Evidence of three-dimensional acoustic propagation in the Catoche Tongue[J]. The Journal of the Acoustical Society of America, 2014, 136(5): 2453-2462.

[15] Dushaw B D. Assessing the horizontal refraction of ocean acoustic tomography signals using high-resolution ocean state estimates[J]. The Journal of the Acoustical Society of America, 2014, 136(1): 122-129.

[16] Badiey M, Katsnelson B G, Lynch J F, et al. Measurement and modeling of 3-D sound intensity variations due to shallow water internal waves[J]. The Journal of the Acoustical Society of America, 2005, 117(2): 613-625.

[17] Oba R, Finette S. Acoustic propagation through anisotropic internal wave fields: transmission loss, cross-range coherence, and horizontal refraction[J]. The Journal of the Acoustical Society of America, 2002, 111(2): 769-784.

[18] Colosi J A. Sound propagation through the stochastic ocean [M]. New York: Cambridge University Press, 2016.

[19] Duda T F, Preisig J C. A modeling study of acoustic propagation through moving shallow-water solitary wave packets[J]. IEEE Journal of Oceanic Engineering, 1999, 24(1): 16-32.

[20] Tatarskii V I. Wave propagation in a turbulent medium[M]. New York: McGraw-Hill, 1961.

[21] Ishimaru A. Wave propagation and scattering in random media[M]. New York: Academic Press, 1978.

[22] Racine R, Walker G A, Nadeau D, et al. Speckle noise and the detection of faint companions[J]. Publications of the Astronomical Society of the Pacific, 1999, 111(759): 587-594.

[23] Sheng P. Introduction to wave scattering, localization and mesoscopic phenomena[M]. Berlin Heidelberg: Springer-Verlag, 2006.

[24] Flatte S M. Sound transmission through a fluctuating ocean[M]. Cambridge: Cambridge University Press, 1979.

[25] Colosi J A, Morozov A K. Statistics of normal mode amplitudes in an ocean with random sound-speed perturbations: cross-mode coherence and mean intensity[J]. The Journal of the Acoustical Society of America, 2009, 126(3): 1026-1035.

[26] Dozier L B, Tappert F D. Statistics of normal mode amplitudes in a random ocean, I: theory[J]. The Journal of the Acoustical Society of America, 1978, 63(2): 353-365.

[27] Dozier L B, Tappert F D. Statistics of normal-mode amplitudes in a random ocean, II: computations[J]. The Journal of the Acoustical Society of America, 1978, 64(2): 533-547.

[28] Thorsos E I, Henyey F S, Elam W T, et al. Transport theory for shallow water propagation with rough boundaries[J]. American Institute of Physics, 2010, 1272(1): 99-105.

[29] Thorsos E I, Henyey F S, Elam W T, et al. Modeling shallow water propagation with scattering from rough boundaries[J]. American Institute of Physics, 2004, 728(1): 132-140.

[30] Newton R G. Scattering theory of waves and particles[M]. New York: Springer-Verlag, 1982.

[31] Creamer D. Scintillating shallow water waveguides[J]. The Journal of the Acoustical Society of America, 1998, 99(5): 2825-2838.

[32] Colosi J A, Brown M G. Efficient numerical simulation of stochastic internal wave induced sound speed perturbation fields[J]. The Journal of the Acoustical Society of America, 1998, 103(4): 2232-2235.

[33] Rouseff D, Turgut A, Wolf S N, et al. Coherence of acoustic modes propagating through shallow water internal waves[J]. The Journal of the Acoustical Society of America, 2002, 111(4): 1655-1666.

[34] Raghukumar K, Colosi J A. High-frequency normal-mode statistics in shallow water: the combined effect of random surface and internal waves[J]. The Journal of the Acoustical Society of America, 2014, 136(1): 66-79.

[35]　Vera M D. Comparison of ocean acoustic horizontal coherence predicted by path-integral approximations and parabolic equation simulation results[J]. The Journal of the Acoustical Society of America, 2007, 121(1), 166-174.

[36]　Voronovich A G, Ostashev V E. Coherence function of the sound field in an oceanic waveguide with horizontally isotropic statistics[J]. The Journal of the Acoustical Society of America, 2009, 125(1): 99-110.

[37]　Voronovich A G, Ostashev V E, Colosi J A. Temporal coherence of acoustic signals in a fluctuating ocean[J]. The Journal of the Acoustical Society of America, 2011, 129(6): 2590-2597.

[38]　Yang T C. Temporal coherence of sound transmissions in deep water revisited[J]. The Journal of the Acoustical Society of America, 2008, 124(1): 113-127.

第3章 水声信道物理模型

本章重点从水声传播特性角度解释水声信道特性。水声环境是影响传播特性的主要因素，其基本特点是时变、多尺度、不确实和不确定性，这些特性与海洋动力学过程、海洋地质及固体地球物理过程等有关。3.1 节给出了水声信道和水声信号的基本模型，3.2 节分析了水平不变波导的信号模型，3.3 节包含水平变化波导的简正波耦合特性及对应的信号表示，3.4 节讨论主动混响和目标散射效应。部分经典信道估计方法在附录 B 中给出。

本章给出了一种水声信号空间的唯象表示。一个唯象表示不依赖海洋介质的具体形式，通过少数唯象变量可以给出信号的一般函数解析表达形式。环境模型仅通过唯象变量影响声信号。但是，这些唯象表示一般仅适用于解释现象，真实的信号模型包含更多复杂项，有些项用解析形式表达过分复杂。

3.1 水声信道与水声信号

3.1.1 水声信号系统

水声信号系统的主要构成部分包括：①水声目标信号空间；②水声信道/系统传输函数；③水声背景场空间。目标特性空间包含目标时、空、频特性及物理属性（运动/动力学、几何和物性等），刻画水中目标自身在自由空间的信号空间特性。在波导环境下，由于声波与界面作用会产生多次反射/散射、镜像辐射等耦合，因此难以把水中目标特性与信道传输特性分离。信道传输函数刻画点声源信号的传输或变换特性，在水声传播理论中又称格林函数。信道传输特性主要由水声环境特性决定，水声环境特性包含水体声速分布、海洋界面、地声模型、介质和界面散射特性。水声背景场一般包含被动环境噪声场和主动混响场两部分，前者取决于气象、海洋动力学、固体地球物理过程与声波的耦合、转换过程等，而后者主要由界面、介质不均匀散射特性等决定。

图 3-1 为水声信号系统组成：声学部分。目标信号、信道特性和背景场三者在线性波动框架下联合构成接收声场[1-5]，公式上可以表示为

$$P(t,\boldsymbol{x},\boldsymbol{s},\boldsymbol{c}) = \int G(t,t';\boldsymbol{x},\boldsymbol{x}';\boldsymbol{c}) P_0(t',\boldsymbol{x}',\boldsymbol{s}) \mathrm{d}^3\boldsymbol{x}'\mathrm{d}t' + B(t,\boldsymbol{x},\boldsymbol{s},\boldsymbol{c}) \qquad (3\text{-}1)$$

式中，$\boldsymbol{x}\in\mathbb{D}\subset\mathbb{R}^3$（三维实空间）表示声场的空间定义域，$t\in\mathbb{R}^+$表示声波的时间或频率定义域，$\mathbb{D}\subset\mathbb{R}^3$属于欧几里得时空一个有界区域；$P(t,\boldsymbol{x},\boldsymbol{s},\boldsymbol{c}):(\mathbb{R}^+,\mathbb{R}^3)\to\mathbb{C}$表示接收（复）声信号，假设$P(t,\boldsymbol{x},\boldsymbol{s},\boldsymbol{c})\in L^2(\mathbb{R}^+\times\mathbb{R}^3,\mathbb{C})$（平方可积函数空间）；Re 表示接收信号空间；$P_0(t',\boldsymbol{x}',\boldsymbol{s}):(\mathbb{R}^+,\mathbb{R}^3)\to\mathbb{C}$表示源声信号；Sou 表示源/目标信号空间；$\boldsymbol{s}\in\mathbb{R}^m$表示源信号参数矢量；$\boldsymbol{c}\in$ Env 表示环境参数或模型，Env 表示环境参数空间；$G(t,t';\boldsymbol{x},\boldsymbol{x}';\boldsymbol{c}):(\mathbb{R}^+,\mathbb{R}^3)\times(\mathbb{R}^+,\mathbb{R}^3)\times$Env$\to\mathbb{C}^2(\mathbb{R}^+,\mathbb{R}^3)$（时/频、空间坐标的二阶可微分函数）表示信道传输函数（又称格林函数），是源/目标位置、接收位置和环境参数或模型 $\boldsymbol{c}$ 的函数；$B(t,\boldsymbol{x},\boldsymbol{s},\boldsymbol{c}):(\mathbb{R}^+,\mathbb{R}^3)\times$Env$\to\mathbb{C}$表示背景场空间，同样也是环境模型的泛函数。背景场又可以分解为两部分：

$$B(t,\boldsymbol{r},\boldsymbol{s},\boldsymbol{c}) = B_n(t,\boldsymbol{r},\boldsymbol{c}) + B_c(t,\boldsymbol{r},\boldsymbol{s},\boldsymbol{c})$$
$$B_c(t,\boldsymbol{r},\boldsymbol{s},\boldsymbol{c}) = \int S(t,\boldsymbol{r},\boldsymbol{r}',\boldsymbol{c}) P_0(t,\boldsymbol{r}',\boldsymbol{s}) \mathrm{d}^3\boldsymbol{r}' \qquad (3\text{-}2)$$

式中，$B_n, B_c:(\mathbb{R}^+,\mathbb{R}^3)\times(\mathbb{R}^+,\mathbb{R}^3)\times$Env$\to\mathbb{C}$分别是与源信号非相关和相关的背景场，譬如混响场；$S$ 函数是背景散射函数。理论上背景散射函数也是格林函数的一部分，但在水声物理处理中通常区别于描述声传播的格林函数部分。

从函数空间角度来看，式（3-1）右端第一项属于稀疏类信号，第二项属于扩散（diffused）信号。需要强调的是：当考虑环境的不确定性和随机性时，由于散射的存在，式（3-1）中的 $G(t,t';\boldsymbol{x},\boldsymbol{x}';\boldsymbol{c})$ 可以包含扩散成分。这些扩散成分的统计特性和时空尺度在水声信号应用中十分重要。

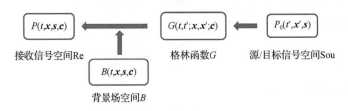

图 3-1　水声信号系统组成：声学部分

水声信道具有以下特点。

（1）水声信道传输特性与海洋环境（动力过程、海洋地质）密切相关，呈非线性依赖关系。

（2）函数空间严格意义上是一种无穷维信号空间，总是包含确定性和不确定性部分。

（3）目标特性与信道特性相互耦合，受信道特性调制。目标参数也可以以非线性参数化形式刻画信号函数空间。

（4）背景场函数空间是一个高维函数子空间，属于扩散信号。背景场与环境（大气、海洋）之间存在非线性相互作用，导致水声信号系统严格意义上是一个物理非封闭系统。

（5）任何单次观测或者测量总是高维函数空间中的一个低维投影。

水声物理研究最终需要服务于水声信号处理，其任务在一定程度上是细化水声信号特性、信道模型空间，解释其内在的规律及其与相关过程（如海洋动力学及固体地球物理动力学过程）的关系，以此为基础并结合水声信道的特点，建立水声信号物理模型。

3.1.2 信号空间与环境参数空间

水声信号涉及两类空间：声场函数空间和环境参数空间。声场函数空间包含辐射/散射源场、接收声场、背景声场，而环境参数空间涉及目标位置、运动学参数、环境参数和源谱特征参数等。信号空间是声场函数空间的某种低维投影，可以被直接观测。

1. 声场函数空间

声场函数空间通常采用物理学数理方程来描述，一般假定声场属于平方可积分函数空间，即 L^2-空间。

定义 3-1 $\{\psi_n\} \in L^2(\mathbb{R}^+ \times \mathbb{R}^3, \mathbb{C})$（$L^2(\mathbb{R}^+ \times \mathbb{R}^3, \mathbb{C})$简写为 L^2），$n \in \mathbb{N}$ 被称为可数完备基底（未必正交，也可以过完备），如果满足以下性质：

（1）任取 $f \in L^2$，则可以展开为

$$f = \sum_n f_n \psi_n$$

式中，f_n 称为展开系数。

（2）以上线性展开在 L^2 意义满足，即

$$\left\| f - \sum_n^N f_n \psi_n \right\|_2 \to 0, \quad N \to \infty$$

拥有可数完备基底的希尔伯特空间（Hilbert space）又称为可分希尔伯特空间，常用 l^2 表示。

定义 3-2　信号 $g \in L^2$ 被称为 M-稀疏信号，如果总存在某种完备基底 $\{\psi_n\} \in L^2$，使得

$$g = \sum_n^M g_n \psi_n$$

式中，$M \in \mathbb{N}$ 是有限正整数。

稀疏性强调通过有限个基底可以近似信号，与集合论中的紧致性概念相似。稀疏性一般源于实际应用的物理背景。

定义 3-3　扩散信号（diffused signal）$n \in L^2$ 代表一类信号，此类信号无法用稀疏个数的基底函数展开。

信号的稀疏性在现代信号处理中是一个十分重要的概念。基底函数如果是正交完备的，则可以采用施密特正交化分解得到信号的展开系数。然而当基底或字典过完备、数据欠采样时，信号稀疏性是保障信号可以重构的关键。可以采用基追踪（basis pursuit, BP）类算法[6-7]及压缩感知算法[8]等优化问题求解方法来解决信号稀疏分解或表示问题。经典谱估计分析方法，譬如普罗尼（Prony）、矩阵束等，也属于高分辨率方法，这些方法将函数分解问题转换为代数方程求根问题，见附录 C。

水声测量一般通过水听器阵采集信号，通过带限数值设备记录信号。这样得到的水听器阵列信号是一个 $\mathbb{C}^{N_1 \times N_2}$ 的矢量空间，其中 N_1，N_2 分别表示水听器个数和单个水听器采样样本总数。声场重构在理论上可以利用基于互易定理的各种场积分表示形式得到，但是水声测量往往无法满足互易定理要求。因此，从声场重构角度来看，一般的水声测量是一种不完备测量。

2. 环境参数空间

本章所讨论的环境参数空间 Env 包含：①环境模型，介质特性如水体声速分布、海底分层结构、界面空间分布函数形式及边界条件；②环境模型的参数化。对于低频声传播问题，环境模型参数化是一种可行的途径。而对于高频声散射问题，模型参数化不是一种合理的选择，需要视作函数空间对待。

为方便起见，以下我们不严格区分信号空间与声场函数空间，统称信号空间。环境参数空间刻画声场作为环境参数的函数。信号空间和环境参数空间相互联系但又存在差异，前者一般泛指声场作为频率、时间、空间的函数，而后者强调这种函数随环境参数的变化。譬如，利用简正波展开性质，声场信号展开为式（3-1）和式（3-2）形式。而简正波本征波数和本征函数则是环境参数的函数，并且以非线性参数化形式刻画了声场信号。对于多数实际应用，这些环境参数往往才是我

们关心的主体。物理上有意义的函数空间表示（函数完备基底）对于应用十分重要，如水声传播中常用的射线或简正波表示以不同形式承载了目标特征参数信息。信号空间与环境参数空间的关系是一个复杂的话题，任何一个水声信号总可以利用适当的完备函数基底（声场函数基）展开，即可以利用少数基底函数刻画所观测的声场数据（信号稀疏性的物理基础）。水声环境（模型、参数和边界）决定了特定的声场函数基（如简正波）形式及参数依赖关系。水声物理的作用取决于在多大程度上量化信号空间的物理约束（用于区别其他性质的信号）、参数化形式及其与环境、目标属性之间的函数关系。

近些年机器学习及其新的数据处理方法在很多细节上不同于传统的信号思路。这些方法试图从"大量的"实际数据中发现信号特征并将物理规律"嵌在"机器学习构造之中，从而直接实现端到端（end-to-end）的信息处理。这种思路在许多问题中（如图像处理和语音处理等应用中）已经取得了令人瞩目的成就。这些新的方法在一些水声应用中值得尝试，同时正确利用这些方法也有助于我们深入认识水声物理建模过程中遇到的一些问题，尤其在实验的归纳总结经验模型或规律环节会有很大的益处。

3.1.3　正问题与反问题

水声正问题是指给定源特性、几何位置、水声环境及其背景场等相关条件，求解接收端信号场。声信号包含声源、水声环境及背景场信息。信道函数与水声环境信息及声源、接收位置等有关。

水声反问题包括水声环境反问题和源反问题等，不同的反问题涉及不同的环境-目标特性。

水声环境反问题又称环境参数反演问题，包括水体声速分布反演、流场分布反演（海洋声层析）、地声参数（模型）反演。

源反问题包括源功率谱、目标移动速度、目标定位/测向等。主动目标声源特性包括目标的几何、结构及物理声学特性。

正问题构造环境参数空间到声场空间的映射，而反问题对应求逆映射。众所周知，反问题一般是"病态问题"（ill-conditioned problem）。所谓病态指这类问题一般伴随多解性、不稳定性。水声学应用中利用模基匹配求解反问题常用以下步骤。

（1）正问题建模。

（2）模型灵敏度分析。

（3）参数搜索。

（4）反演结果评估。

水声反问题中，水声环境反问题与源反问题往往相互耦合，难以分离。譬如，频谱稳定的点源目标的声场总可以写作如下形式[5]：

$$P_0(\omega)G(r,z;\omega) + n(r,z;\omega) \tag{3-3}$$

式中，$P_0(\omega):\mathbb{R}^+ \to \mathbb{C}$ 表示声源频谱函数；$n(r,z;\omega)$表示噪声。声源频谱函数与信道函数以乘积形式出现，但是信道函数的频率特性与水平距离、深度有关，两者在空间-频率理论上可以区分。譬如，忽略噪声成分，做对数处理可得

$$\lg S(\omega) + \lg G(r,z;\omega)$$

前者不含距离参数，理论上可以对平稳移动目标声源特性进行分离，也可以先估计信道函数然后再估计声源频谱特性。然而，对于目标频谱随时间（等效为距离）变化的信号，即非平稳目标信号，问题就变得非常复杂了，无法直观地区分这种距离变化是来自信道还是目标本身。如何从观测信号中重构目标频谱、排除信道的影响，这个问题在水声应用中常被称为**信道解耦**问题，在地球物理或光学领域也被称为反卷积/解卷积（deconvolution）问题。地球物理中的解卷积问题还包括去除不必要的界面多次反射成分——"鬼波"（ghost wave）。

3.1.4 海洋信道的时空尺度

本章以下几节主要基于简正波模型刻画几种常见的声信号表示形式。在此之前必须强调：海洋环境是复杂多变的，声场的简正波方法可以很好地解释各种水声物理现象，但所有以下所讨论的概念或者公式都有空间、时间适用范围。譬如，书中反复出现水平不变波导概念是个相对概念，根据不同的实际应用，这种"水平不变"假设的定义区间完全不同。特定的海区在什么空间尺度、时间尺度可以理解为水平不变，完全取决于实际应用。水平不变的时空尺度与信道的时空相关尺度直接相关，而信道的时空相关尺度与海洋动力学过程及底质特性有关[1]。

传统意义上的水声物理与水声信号处理大都用来解决信号函数空间范畴的信号问题，譬如波束形成、特征提取等。本书的绝大部分依然采用了上述常规信号处理的思路。

3.2 水平不变波导的信号模型

本节给出水平不变波导的几种常用的信号表示形式。海洋信道中声传播现象在很大程度上可基于局部水平不变波导近似解释，其对应信号空间几乎是所有基于简正波方法的水声信号处理的物理基础。

3.2.1 简正波信号模型

水平不变海洋信道中，点源声场是一种轴对称声场，单频点源信号在远场可以展开为不同号简正波的叠加形式：

$$P(r,z;\omega) = P_0(\omega)\frac{e^{i\pi/4}}{\rho_0\sqrt{8\pi}}\sum_{k=1}^{N}\phi_n(z)\phi_n(z_s)\frac{e^{i\,\text{Re}(k_n)r-\text{Im}(k_n)r}}{\sqrt{k_n r}} + \text{c.c.} \qquad (3\text{-}4)$$

式中，$r\in\mathbb{R}^+$；$z\in[0,+\infty]$；$\omega\in\mathbb{R}^+$；$P_0(\omega)\in L^2(\omega)$；$\phi_n\in L^2([0,\infty))$；$k_n\in\mathbb{C}$；$\rho_0$ 为声源深度处的海水密度；c.c.表示复共轭（complex conjugation）；式中其他各项的物理意义参考第 2 章。式（3-4）是轴对称水平不变波导声场的基本表示形式，声场是接收距离 r、接收深度 z 和频率 ω 三个自变量的函数。

这种表示称为"空间-频率联合域表示形式"。映射关系 $k_n:c\to\mathbb{C}$ 强调本征波数是环境参数空间的泛函数，同样简正波本征函数也是环境参数空间的泛函数。这里联合域强调信号是(r, z, ω)的三维自变量函数。式（3-4）可以采用式（3-1）的格林函数形式表示为

$$P(\boldsymbol{x},\omega) = \iiint G(\boldsymbol{x},\boldsymbol{x}',\omega)P_0(\boldsymbol{x}',\omega)\text{d}^3\boldsymbol{x}' \qquad (3\text{-}5)$$

式中，格林函数采用离散谱部分，

$$G(\boldsymbol{x},\boldsymbol{x}',\omega) \approx \frac{e^{i\pi/4}}{\rho_0\sqrt{8\pi}}\sum_{k=1}^{N}\phi_n(z)\phi_n(z')\frac{e^{i\,\text{Re}(k_n)|r-r'|-\text{Im}(k_n)|r-r'|}}{\sqrt{k_n|r-r'|}} \qquad (3\text{-}6)$$

$$P_0(\boldsymbol{x},\omega) = \frac{1}{|r|}\delta(r-0)\delta(z-z_s)S(\omega) \qquad (3\text{-}7)$$

式（3-6）只包含了简正波的离散谱部分，只适用于远场。近场声场应包含连续谱部分，在实际应用中多采用波数积分方法处理[1]。严格水平不变波导在实际中不存在，式（3-4）一般是常用绝热近似的一种极端情形。在绝热近似中，简正波的传播与指数衰减项一般替换为

$$\frac{e^{i(\bar{k}_n+\theta_n)}}{\sqrt{\bar{k}_n r}}, \quad \bar{k}_n = \frac{\int_0^r k_n(r')\text{d}r'}{r}$$

某号简正波贡献写为

$$S(\omega)\mathrm{e}^{\mathrm{i}\pi/4}\phi_n(z,\omega)\phi_n(z_\mathrm{s},\omega)\frac{\mathrm{e}^{\mathrm{i}\left[\int_0^r k_n(r')\mathrm{d}r'+\theta_n\right]}}{\sqrt{\bar{k}_n r}}$$

式中，$\theta_n\in[0,2\pi]$表示一个初始相移。这个相位项一般是地理时间、空间的函数。

另外两种常用的信号空间表示形式为垂向和水平方位波束形成：

$$\hat{P}(r,\theta,\omega)\equiv\int_0^H P(r,z,\omega)\mathrm{e}^{\mathrm{i}zk_0\sin\theta}\mathrm{d}z \tag{3-8}$$

式中，$\theta\in[-\pi/2,\pi/2]$，$k_0\in\mathbb{R}^+$分别表示俯仰角估计值和参考水平波数。式（3-8）表示长度 H 的直线垂直阵垂向波束形成。由第 2 章简正波在垂直 z 方向可以分解为上行和下行"局地平面波分解"形式，把式（3-5）代入式（3-7）并整理得

$$\hat{P}(r,\theta,\omega)\equiv S(\omega)\frac{\mathrm{e}^{\mathrm{i}\pi/4}}{\rho_0\sqrt{8\pi}}\sum_{k=1}^N\phi_n(z_\mathrm{s})\frac{\mathrm{e}^{\mathrm{i}\mathrm{Re}(k_n)r-\mathrm{Im}(k_n)r}}{\sqrt{k_n r}}$$

$$\cdot\left\{b_{un}\int_0^H\mathrm{e}^{\mathrm{i}z(k_0\sin\theta-k_{zn}(z))}\mathrm{d}z+b_{dn}\int_0^H\mathrm{e}^{\mathrm{i}z(k_0\sin\theta+k_{zn}(z))}\mathrm{d}z\right\} \tag{3-9}$$

式中，$S(\omega)$ 表示源信号的频谱；$k_{zn}(z)\in\mathbb{C}$ 表示第 n 号简正波的垂向本征波数；b_{un}、b_{dn} 分别表示第 n 号简正波对应的上行波和下行波幅度；$\phi_n(z_\mathrm{s})=b_{un}\mathrm{e}^{-\mathrm{i}k_{zn}(z)z}+b_{dn}\mathrm{e}^{\mathrm{i}k_{zn}(z)z}$。这种形式的声场表示称为"距离-掠射角的波束-频域联合域"表示[9]。式（3-9）的物理解释非常重要，对于简正波表示的水平不变海洋波导中的声场，水平方向由柱面波基展开，垂向由上行和下行"准平面波"基展开。所谓"准平面波"（quasi-plane wave），形式上与平面波接近，但是对应的垂直波数是水深 z 的函数。这种深度依赖关系源于 $k_{zn}(z)$ 的函数性质。

同样，水平方位波束形成可写为

$$\hat{P}(\varphi,z,\omega)=\int_0^L P(r-s\sin\varphi_0,z,\omega)\mathrm{e}^{\mathrm{i}sk_0\sin\varphi}\mathrm{d}s \tag{3-10}$$

式中，$\varphi_0\in[-\pi,\pi]$表示长度 L 的直线水平阵法向与远场点源目标方位实际夹角；φ 表示对应的估计角（变量）；k_0 表示参考波数。式（3-10）的声场表示相应地称为"方位-深度-频率联合域"表示。对水声传播信道而言，这种信号表示实际上包含目标三维定位信息。将式（3-3）代入式（3-10）得

$$\hat{P}(\varphi,z,\omega)\approx P_0(\omega)\frac{\mathrm{e}^{\mathrm{i}\pi/4}}{\rho_0\sqrt{8\pi}}\sum_{k=1}^N\phi_n(z)\phi_n(z_\mathrm{s})\frac{\mathrm{e}^{-\mathrm{Im}(k_n)r_0}}{\sqrt{k_n r}}\mathrm{e}^{\mathrm{i}\mathrm{Re}(k_n)r_0}\int_0^L\mathrm{e}^{\mathrm{i}\mathrm{Re}(k_n)s\sin\varphi_0}\mathrm{e}^{\mathrm{i}sk_0\sin\varphi}\mathrm{d}s$$

$$\tag{3-11}$$

式中，r_0 为水平阵的一个参考距离。下面分别说明方位、距离和深度信息如何在公式中体现。

式（3-11）形式上与多目标、平面波近似信号表示一样。由于不同号简正波的水平波数差异，理想水平阵的 $L \to \infty$，不同号的简正波到达方位存在差异：

$$k_0 \sin \theta_n = \mathrm{Re}(k_n) \sin \theta_0, \quad n=1,2,\cdots \tag{3-12}$$

相邻两号简正波的估计方位差可以表示为

$$\Delta \theta_n \equiv \theta_{n+1} - \theta_n \approx \frac{\lambda}{\lambda_{n+1,n}} \sin \theta_0 \tag{3-13}$$

式中，$\lambda_{n+1,n}$ 表示相邻两号简正波干涉跨度。水声信道存在多号正则简正波，与平面波假设条件下的波束形成不同。同一波导环境下，两号简正波干涉跨度一般反比于频率（参考第 4 章有关波导不变量）。因此，式（3-13）中的系数随着频率下降会变大，频率越低，不同简正波导致的波数分裂越为严重。另外，相同频率下低号简正波间的干涉跨度大于高号简正波间的干涉跨度（低号简正波对应波数差大），使得近距离声场干涉导致的目标估计"方位分裂"比远场目标更为明显。在浅海声信道的波束形成分辨率取决于以下三个因素。

（1）不做任何简正波分离处理时，方位分辨率受多模波束分裂影响，不会优于式（3-13）所决定的波束分裂角。简正波波数差 Δk_{mn} 和干涉跨度 λ_{mn} 的近似公式[1]：

$$\Delta k_{mn} = k_m - k_n = \frac{(m^2-n^2)\pi}{4} \frac{\lambda}{H_{\mathrm{eff}}^2} \Rightarrow \frac{\lambda}{\lambda_{mn}} = \frac{1}{8}(m^2-n^2)\left(\frac{\lambda}{H_{\mathrm{eff}}}\right)^2 \tag{3-14}$$

其中声波波长 $\lambda \leqslant H/2$。波数差估计公式（3-14）在频率远大于简正波截止频率时成立，在接近截止频率时不成立，对应的跨度要小于式（3-14）的估计。

（2）两个不同阵元间由于多模干涉，水平纵向声场干涉结构会约束有效阵长。

（3）水平横向声场相关半径是制约阵长的另外一个因素。

接下来分析距离和深度信息是如何包含在波束形成输出结果中的。为了简化讨论，假设式（3-13）的模态间的波束展宽可以忽略，并假设目标声源信号在数据窗口时间内平稳，则式（3-11）近似为

$$\hat{P}(\varphi,z,\omega) \approx P_0(\omega) \frac{e^{i\pi/4}}{\rho_0 \sqrt{8\pi}} \left[\int_0^L e^{i\mathrm{Re}(k_n)s\sin\varphi_0} e^{isk_0\sin\varphi} \mathrm{d}s \right] \sum_{k=1}^N \phi_n(z)\phi_n(z_s) \frac{e^{-\mathrm{Im}(k_n)r_0}}{\sqrt{k_n r_0}} e^{i\mathrm{Re}(k_n)r_0} \tag{3-15}$$

将式（3-15）分解为两项因子乘积，即波数形成对应的指向性因子和场模态间干涉因子（与方位无关），两者近似可以分离。距离信息通过干涉项的相位出现，

随着目标距离的变化，简正波间干涉会导致波束输出明暗交替。这种明暗交替的空间间隔与两号简正波的干涉跨度一致。声源深度决定各号简正波的激发强度、控制声场的干涉结构。总之，只要正确应用信号处理方法和水声物理知识，理论上水平阵输出包含了目标的三维位置信息。也就是说，在理论上，采用水平阵波束形成输出可以实现匹配场定位处理，前提是环境已知，所有简正波参数可以准确预报。

式（3-4）、式（3-9）和式（3-15）给出的三种联合域表示形式是水声应用中较为常用的信号表示形式。对频域做傅里叶逆变换可以得到对应时域的信号表示形式。譬如，对于中心频率 f_0 的宽度信号，其时域表示形式为

$$p(r,z;t) \approx \frac{e^{i\pi/4}}{\rho_0\sqrt{8\pi}} \sum_{k=1}^{N} \phi_n(z,f_0)\phi_n(z_s,f_0)\frac{e^{-\mathrm{Im}(k_n)r}}{\sqrt{k_n r}} s_n(t-t_n) + \text{c.c.} \qquad (3\text{-}16)$$

为了得到式（3-16），上述推导假设简正波本征函数随频率缓变，这类假设不总是成立，在部分频段本征函数会出现非常大的变化，具体细节与声速剖面结构有密切联系[10-12]。需要强调的是，由于海洋波导的频散效应，式（3-14）中的不同号简正波对应的时域信号 s_n 有所不同。这种现象在浅海环境尤为明显，对应的时域信号处理问题原则上属于时频分析问题。

由式（3-10）～式（3-16）可知，单纯的波束匹配处理对水声信号而言等效为"虚假多目标"方位检测。这些虚假目标方位差异由式（3-13）决定。而且，如果考虑实际应用时，需要一定数量快拍的积分处理，又可能会引入声场的水平纵向相干干涉的影响。当信号处理的分辨率不足时，波束分裂会加剧波束展宽，导致基于单模态假设的理论估计精度与实际估计精度不吻合。实际上，结合式（3-12）和文献[1]关于简正波剥离效应的描述，可以给出常规波束形成处理分辨率下界随距离、频率参数的近似公式。

这里需要强调以下两点。

（1）海洋波导与常规自由空间的远场平面波处理问题的主要差异在于多数水声应用处于多模态叠加形式。由于不同模态具有不同的频散、群速度或到达时间，因此多模（有时又称多途）问题是水声信号处理的特点之一。为了改善多模波束形成的性能，必须考虑声场的多模性质，相关早期研究可以追溯到 Clay[13-14]的论文，其主要动机是改善多模假设下匹配相关处理器性能。匹配处理由于其模基特性，依赖模型参数，会产生失配问题。1976 年，Bucker[15]考虑水声信道的多模特性，提出基于场匹配概念的波束形成处理概念。此后，Shang[16]、Yang 等[9]分别提出匹配模和模态波束匹配等概念。国内学者在匹配场处理方面也做了大量有

益的工作[17-20]，包括基于匹配场的声学参数反演。然而 Clay[14]早在关于阵处理的论文中就指出：简正波展开的本征波数受到界面起伏和介质起伏的影响，一般应视为统计平均值加随机扰动。相邻号的简正波在广义射线方法描述下通常扫过近似相同的空间区域，受界面或介质起伏影响相互抵消，因此 $k_{n+1}-k_n$ 一般相对稳定[1]。而对于其他情形，由于海洋环境固有的不确定性，匹配场处理的鲁棒性受到质疑。

（2）过度强调预测精度与环境不确实、不确定性相互矛盾，必须在精度和环境复杂度之间折中，参考附录 B。这是一个方向性问题，需要慎重对待。

水平不变波导水声信道函数（格林函数）作为传输函数属于经典二维积分变换核，简正波展开将积分核展开为对角形式，确保不同简正波之间不存在耦合。对于远场，通常只考虑离散谱部分，只有有限号的正则简正波可以获得有效的信噪比。此时利用简正波展开将问题转换为有限维线性空间 $\mathbb{C}^N$ 的问题：

$$a_n(r,\omega) \equiv \langle \phi_n(z,\omega), p(r,z,\omega) \rangle$$

式中，$\langle,\rangle$ 表示本征函数内积。$a_n(r,\omega)$ 定义为第 n 号简正波复数幅度：

$$
\begin{bmatrix} a_1(r,\omega) \\ a_2(r,\omega) \\ \vdots \\ a_N(r,\omega) \end{bmatrix}
= S(\omega)\frac{e^{i\pi/4}}{\rho_0\sqrt{8\pi r}}
\begin{bmatrix}
\dfrac{e^{i\,\mathrm{Re}(k_1)r-\mathrm{Im}(k_1)r}}{\sqrt{k_1}} & 0 & \cdots & 0 \\
0 & \dfrac{e^{i\,\mathrm{Re}(k_2)r-\mathrm{Im}(k_2)r}}{\sqrt{k_2}} & \cdots & 0 \\
\vdots & \vdots & & \vdots \\
0 & 0 & \cdots & \dfrac{e^{i\,\mathrm{Re}(k_N)r-\mathrm{Im}(k_N)r}}{\sqrt{k_N}}
\end{bmatrix}
\begin{bmatrix} \phi_1(z_0,\omega) \\ \phi_2(z_0,\omega) \\ \vdots \\ \phi_N(z_0,\omega) \end{bmatrix}
\tag{3-17}
$$

式（3-17）定义的信号空间是一种多通道信号空间，每一通道对应一号简正波，简正波间在水平不变波导条件下相互独立。这种声场表示方式称为**模态空间表示**（modal space representation, MSR）。这种矩阵表示刻画了声源激发权重矢量到接收权重矢量间的线性变换关系，可以统一处理水平不变和水平变化简正波耦合信道的信号表示，在下面章节会经常用到。表 3-1 总结了场表示形式的不同空间域的单号简正波基本特性。

表 3-1　水声信道中单号简正波基本特性

时域	频域	r-域	n-域
衰落、频散及平移	$(\mathrm{Im}(k_n) \propto f^\sigma)$衰落、频率非线性相位关系 $k_n r$	柱面波几何扩散、指数衰减、正比传播距离相移	$\mathrm{Im}(k_n),\mathrm{Re}(k_n)$一般均为 n 的单调递增函数，但群速度并非一定单调增加

总结简正波表征水声信道的基本特性如下。

（1）随传播距离、频率增加，信道呈现明显的衰落；随着传播距离的增加，高号简正波衰减快，因此被逐步剥离。

（2）多模、频散特性。

（3）角度滤波特性：随着接收距离增加，只有对应低掠射角的射线或者简正波可以远距离传播。

（4）时空起伏特性：空间和时间的不均匀性导致信道特性变化，包括随机变化。详细讨论见 3.3 节。水声信道总是伴随确定性与不确定性两部分：确定性部分保证水声技术或工程可以在线性信号系统框架下有效描述、工作；不确定性部分包括水声环境信息的不确定性及声源特性随诸多因素变化而导致的不确定性。

3.2.2　射线信号模型

海洋声信道也可以采用射线方法描述。射线方法具有物理图像直观的优点，可以用在浅海近程和深海声信道刻画。在射线方法框架下，水声信道模型可以写为

$$p(r,z,t) = \sum_{l=1}^{N} a_l s(t-t_l) + a_0 s(t-t_d) \tag{3-18}$$

式中，a_l 表示第 l 条本征射线的幅度，由球面几何扩散、介质吸收及界面反射系数决定。式（3-18）第一项是直达波。固定发射和接收位置的接收声场总是由不同传播路径的射线的叠加构成，故称为多途信道。

3.2.1 节和本节分别从简正波和射线角度介绍水平不变水声信道模型。这种模型主要特性取决于海洋环境的季节性水声环境特性和应用浅海区域的地声模型与参数，基本上可以通过预先计算得到信道模型参数的取值范围。这一点非常重要，环境参数空间的取值区间的限定会有助于许多算法应用，譬如匹配场处理或者今后的深度学习应用。

这里没有花大量篇幅说明射线信号模型并非意味射线信号模型不重要，当考虑近程声场特性时射线或者虚源处理更为简约，而且物理图像更加清晰。近程声信道的描述超出了本书的范围，这里不再赘述。

3.2.3　射线-简正波应用条件

　　射线与简正波表示之间可以相互转换，属于同一信号系统的不同表示形式。问题是在实际应用中，什么情况下采用什么形式的表示更好？判别基准是什么？这些问题的理论讨论非常烦琐，有兴趣的读者可以参考第 2 章和参考文献[1]。下面给出简单的判据，并介绍几种距离概念。读者可以参考韦斯顿（Weston）等关于射线-简正波转换/过渡的讨论[1,21]。

　　虚源级数解有助于理解射线图像的应用。如图 3-2 所示，考虑理想波导中的点源声场，观测者位于(r, z)处，除直达波对应的真实源 O_{01}，观测者会观测到来自下界面虚源 O_{02}、上界面虚源 O_{03} 及下界面虚源在上界面的二次虚源 O_{04} 等一系列虚源。

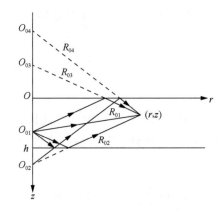

图 3-2　虚源法示意图

　　总声场可以表示为所有源贡献的求和：

$$P = \sum_{l=0}^{\infty} (-1)^l \left(\frac{\mathrm{e}^{ikR_{l1}}}{R_{l1}} + \frac{\mathrm{e}^{ikR_{l2}}}{R_{l2}} - \frac{\mathrm{e}^{ikR_{l3}}}{R_{l3}} - \frac{\mathrm{e}^{ikR_{l4}}}{R_{l4}} \right) \tag{3-19}$$

式中，加(-1)因子是因为上界面反射系数等于-1，四条路径一组，用 l 表示组的编号：

$$R_{lj} = (r^2 + z_{lj}^2)^{1/2}, \quad l = 0, 1, 2, \cdots, \infty, \quad j = 1, 2, 3, 4$$

$$z_{l1} = 2hl + z_1 - z, \quad z_{l2} = 2h(l+1) - z_1 - z \tag{3-20}$$

$$z_{l3} = 2hl + z_1 + z, \quad z_{l4} = 2h(l+1) - z_1 + z$$

第 *l* 组射线与水平方向的夹角近似为

$$\tan \theta_{lj} \approx \frac{2hl}{r}$$

真实波导环境中，海底反射系数小于 1，因此有效的虚源像只有那些小掠射角的射线存在。亦即，上式的右端远小于 1。因此，距离项可以近似为

$$R_{lj} \approx r\left(1 + \frac{1}{2}\frac{z_{lj}^2}{r^2}\right)$$

两组虚源 *l*, *l′* 对应的到达时间差可以近似得

$$\Delta t_{l,l'} \approx \frac{z_{lj} - z_{l'j'}}{2c_0} \times \frac{z_{lj} + z_{l'j'}}{r} \approx \frac{h(l-l')}{c_0} \times \frac{2h(l+l')}{r}$$

相邻组 *l′* =*l*+1 的虚源到达时间差近似为

$$\Delta t_{l,l+1} \approx \frac{h}{c_0} \times \frac{2h(l+l')}{r} \approx \frac{h}{c_0}\tan \theta_l$$

当脉冲的宽度大于(h/c_0)$\tan\theta_l$，虚源组之间已经无法分离，此时推荐采用简正波表示。

使用简正波表示并不意味着简正波在时域上可以分离，其分离条件取决于信号带宽、信号衰减和传播距离。假如信号带宽无限，射线表示直观明了，而有限带宽导致射线无法分离。根据信号带宽，简正波表示实际上经历了叠加干涉和分离频散两个阶段。声信号传播过程中，低掠射角射线得益于小反射损失存活下来后（理论上不同虚源对应的本征射线数目随着距离增加，至少是代数形式增加），射线开始分组表现为简正波。对于中心频率为 *f*、带宽为 Δf 的宽带信号，两号简正波的时间差可以由群延时差得到：

$$\Delta t_{n+1,n}(r) = r\left(\frac{1}{c_{g(n+1)}} - \frac{1}{c_{gn}}\right) \approx r\left(\frac{\partial \omega}{\partial k_{n+1}} - \frac{\partial \omega}{\partial k_n}\right) \tag{3-21}$$

如果

$$\frac{1}{\Delta f} \geqslant \Delta t_{n+1,n} \tag{3-22}$$

即波形展宽大于相邻号简正波延时差，简正波模态间的干涉明显。对于匹克利斯波导，当中心频率远离艾里震相时，由式（3-21）近似有

$$r_{\text{干涉}} \approx c\frac{1}{\Delta f}\left(\frac{k_0 H_{\text{eff}}}{n\pi}\right) \tag{3-23}$$

这个距离称为一定带宽的宽带信号的**简正波间（模间）干涉距离**。在距离区间 $r_c <$ $r < r_{\text{干涉}}$，不同号简正波时域上无法分离，相互叠加干涉。这个区域的信号非常复杂，无论是时域或是频域，直接分离不同的简正波十分困难。

当 $r > r_{\text{干涉}}$ 时，不同号简正波根据自己的群速度明显拉开时间间隔，同时简正波频散效应开始逐步显示。简正波波数在信号中心频率展开并保留到频率的平方项，对应线性调频简正波效应，对各号简正波可以定义一个"频散距离"：

$$r_{\text{nde}} \equiv \frac{8}{k_n''(\omega_0)} \frac{1}{|\Delta\omega|^2} \tag{3-24}$$

式中，符号"″"表示对角频率微分。式（3-24）的推导可以参考文献[1]中的第 4.3.1 节，这个距离在文献[1]中被称为"弥散距离"。弥散距离表示特定号简正波开始显著出现频散效应的距离。

3.2.4　信道时空相干性

前文讨论了水平不变波导的各种常见信号模型。点源信号在空间-频率联合域表示在单频情形下退化为一般指数函数叠加形式。这种形式的信号处理、参数估计问题与谱分析问题的信号模型基本一致，参考附录 C。水平不变水声信道在许多应用中可以理解为一阶近似，文献[3]、[4]将以上描述的水声信道归类为相干信道。

然而，对于水声信道这些信号表示只是近似，当观测空间和时间尺度大于某空间尺度时不再成立。信号表示的变化具体体现在简正波的本征波数和本征函数上，两者都包含不确定、随机成分。这些变化导致的声场变化在传统水声物理中统称为声场起伏、相关特性研究。

实际海洋环境下的信道模型偏离相干信道，可以分为"确定性"和"不确实和不确定性"两类。陆坡、陆架区域存在明显的海底声学特性变化，海底界面存在不同程度的起伏，随着空间位置的变化同样呈现出空间起伏变化，特性往往难以严格刻画，因此称为不确实环境。这些变化使得简正波传播过程中不同号简正波不再相互独立，简正波耦合现象会发生。简正波耦合存在的直接后果是式(3-17)的传播矩阵不再是对角形式，而是传播距离、频率和水声环境的复杂函数。另一类不确定性起源于更复杂的因素，譬如，在第 2 章看到，海洋水体存在不同时间、空间尺度的海洋动力学过程会导致水体声速分布的时空变化。这些时空起伏可以导致简正波相位、幅度起伏，甚至简正波耦合，并且由于水体声学环境无法完全同步观测（实际上目前哪些应该同步观测这个问题本身说不清，参考 3.3 节），因此归结为不确定部分。注意：波动问题中涉及相关与相干两个概念，在本书中相关的概念是比较两者或多者间的相似性，而相干的概念强调的是两者或者多者间是否可以干涉叠加。

信道时空相关性一般采用传统水声信号处理的时空两点（时间或空间）相关特性描述。首先引入度量时空相关性的基本概念。海洋声场可以利用场的统计量描述[12]，考虑时空两点 (t, x) 和 (t', x') 两点接收声场分别为 $p(t, x)$ 和 $p(t', x')$，"两点相关函数"定义为

$$\mathrm{CR}(t, t; x, x') \equiv \langle p(t, x) p(t', x') \rangle \tag{3-25}$$

式中，$\langle \ \rangle$ 表示某种统计或样本平均。定义平均声场：

$$\bar{p}(t, x) \equiv \langle p(t, x) \rangle \tag{3-26}$$

将声场分解为平均声场和起伏成分：

$$p(t, x) = \bar{p}(t, x) + p_r(t, x) \tag{3-27}$$

则两点相关函数可以改写为

$$\mathrm{CR}(t, x; t', x') = \bar{p}(t, x) \bar{p}(t', x') + \langle p_1(t, x) p_1(t', x') \rangle \tag{3-28}$$

除以上两点相关函数外，类似可以定义高阶相关函数。

两点相关函数由两部分构成，即平均声场部分的互相关和随机场部分的互相关。刻画声信号的起伏程度常用闪烁指数（scintillation index, SI）概念，定义为

$$\mathrm{SI} \equiv \frac{\langle p^2 \rangle}{\langle \bar{p} \rangle^2} - 1 \tag{3-29}$$

闪烁指数（SI）常被用来刻画特定频率段的海洋环境作为随机介质的声场起伏程度。一般当 SI<0.3 时被认为是弱随机介质，而当 SI 接近 1.0 时被称为饱和起伏介质[22]。早期，刻画起伏海洋环境中的声传播常采用模拟量子力学费曼路径积分处理，将随机介质中的声线"微观射线路径"（micro-ray path）与量子路径模拟[23]。1978 年，Dozier 和 Tappert 采用简正波耦合和前向散射近似推导一阶近似下的矩阵传输方程（见第 2 章）。这种处理适于低频声场起伏特性研究，在之后的研究中占据主导地位。

声场的空间相关特性有横向和纵向之分[1]。横向相关特性起源于两点观测的接收声波路径差异，而纵向相关特性包含声场自身的干涉效应。考虑一种简单情况，即准平面波在随机介质中传播时的横向相关半径。

$$p(x) = A(x) \mathrm{e}^{\mathrm{i}[\bar{\phi}(x) + \phi(x)]} = \bar{A}(x) \mathrm{e}^{\mathrm{i}[\bar{\phi}(x) + \phi(x)] + \beta(x)} \tag{3-30}$$

式中，

$$A(\boldsymbol{x})/\overline{A}(\boldsymbol{x}) = \mathrm{e}^{\beta(\boldsymbol{x})} \tag{3-31}$$

假设随机场 ϕ, β 是平稳、相互独立的零均值的高斯随机场，则

$$R(\Delta x) \equiv \frac{\langle p(\boldsymbol{x})p(\boldsymbol{x}+\Delta\boldsymbol{x})\rangle}{\sqrt{\langle p(\boldsymbol{x}+\Delta\boldsymbol{x})p(\boldsymbol{x}+\Delta\boldsymbol{x})\rangle}\sqrt{\langle p(\boldsymbol{x})p(\boldsymbol{x})\rangle}}$$

$$= \mathrm{e}^{-\sigma_\phi^2[1-R_\phi(\Delta x)]-\sigma_\beta^2[1-R_\beta(\Delta x)]} \tag{3-32}$$

式中， $\sigma_\phi, \sigma_\beta$ 分别是随机场 ϕ, β 的相关半径。当满足

$$|\Delta\boldsymbol{x}| \geqslant \sigma_\phi, \sigma_\beta \tag{3-33}$$

时，声场的时空起伏导致空间两点的声场横向相关急剧下降，文献[1]讨论了几种常见的声场时空起伏特性，读者可参考阅读。传统水声物理领域，声场起伏特性研究主要研究水体变化导致的声场时间相关特性，而低声参数分布的非各向同性导致的声场起伏被归为空间相关特性研究。有兴趣的读者可以参考文献[24]～[29]。

以下总结导致声场起伏的一些主要因素。

（1）水体介质与界面起伏。

海洋介质存在不同尺度的时空过程，这些变化导致海洋声介质偏离上一节的水平不变介质模型。譬如，海洋充斥了杂乱的湍流过程，永不停歇，其空间尺度一般在米量级；而重力与浮力的平衡在流、风场和潮汐的作用下形成，又可以激发不同时间、空间尺度的海洋内波[30]。海表面在风场和潮汐的作用下同样存在不同的动力学过程，导致气泡生成及界面起伏。

（2）海底界面及沉积层介质起伏。

海底界面及沉积层介质声学特性同样总是存在不同尺度空间不均匀性，主动声呐混响主要来自界面和介质不均匀性散射。

（3）阵型起伏。

为了获取一定的空间增益，信号处理一般采用阵处理。海洋声学应用中，阵型矩阵又称阵流形（array manifold），除个别应用阵流形预知，在很多应用中无法实时监测。海洋声学实验的难点之一是：无论声源或者接收阵，往往都是随着时间变化的，这种变化可能源于海流或者平台自身的变化。阵型校正本质上是相位校正，所以属于非线性问题，这类运算一般相对复杂[28]。

以垂直阵的垂向起伏为例，假设不同地理时刻 τ 和 τ_1 两次垂直阵接收简正波成分矢量分别为 $\boldsymbol{a}(\tau), \boldsymbol{a}(\tau_1)$，则两者之间满足矩阵变换：

$$\boldsymbol{a}(\tau_1) = \boldsymbol{U}\boldsymbol{a}(\tau) \tag{3-34}$$

式中，U 是一个旋转矩阵（当忽略简正波深度函数的虚部时）。当阵型偏离不大时，这个矩阵近似为

$$U = I + \varepsilon E \qquad (3\text{-}35)$$

式中，E 是反对称矩阵；ε 是一个小量。对于一般非全海深垂直阵，矩阵 U 不再满足旋转或正交条件，而是

$$UU^+ = I - R_d \qquad (3\text{-}36)$$

式中，矩阵 R_d 表示偏离单位矩阵的程度。注意，假设垂直阵不是全海深阵，这个偏离矩阵的统计平均不为零。

一般情况下，矩阵 U 包含水平相移和垂直起伏两部分。为了抑制垂直阵阵型起伏，可以取垂直阵的互谱密度矩阵进行处理。互谱密度矩阵中只有波数差出现在水平距离项，由于模态间干涉跨度远大于波长，所以平台和阵的运动导致的相位变化可以忽略。垂直阵的自相关和互相关矩阵对于消除阵型变化十分重要。在互谱密度矩阵基础上利用多条垂直阵间的相关处理可以减少对阵型的要求。

由上文讨论可知，水声信号模型式（3-4）、式（3-9）以及式（3-11）并非理想的确定论模型，需要考虑时间、空间的变化因素。假设单个声信号快拍记录时间快于信道起伏相关时间，或者小于信道空间相关时间半径，可以考虑在前文确定性信道基础上，假设信号参数（简正波本征函数和本征波数）缓变。然而，当缓变导致的简正波波数扰动量大于相邻两号简正波的波数差时，这种模型不再成立，需要考虑简正波耦合效应。

3.3 水平变化波导的信号模型

实际海洋声信道总是存在不同程度、各种因素导致的起伏，严格意义上无法将海洋声信道视作确定性信道。对于海洋水体水平不均匀性导致的声速扰动，浅海约 10^{-4} 量级，深海约 10^{-6} 量级。小尺度扰动一般随机性强，而中尺度（百千米量级）扰动在声学实验周期内近似确定性环境。文献[22]数值计算结果表明：在 $200\sim400\text{Hz}$ 频段内，线性随机内波环境下，绝热近似在几十千米尺度上基本成立。而在千赫兹频段，此时内波和表面海浪都会导致明显的简正波耦合和相位随机化，使得声场空间相干性下降[30]。因此对于长距离声传播问题，介质和界面起伏都会产生明显的累积，导致明显的波束偏离、散射等过程，不再适用绝热近似，必须采用耦合简正波处理。

3.3.1 水平变化波导概述

Weinberg 等[31]提出的水平射线-垂向简正波处理是一种处理水平变化波导中

声传播问题的直观方法。其基本假设是：声波在水平方向受到水平面（x-y）介质的不均匀影响会发生水平折射偏转，水平折射偏转射线轨迹与垂向剖面一同形成一个二维断面，在断面内声传播保持绝热简正波传播。亦即不同的水平折射声线与深度 z 方向所构成的二维截面间的能量转移近似可以忽略。

将声场展开为

$$P(r,z,\omega;\tau) = \sum_n P_n(r)\phi_n(x,y,z,\tau) \tag{3-37}$$

式中，附加参数"τ"刻画地理时间，强调介质随海洋环境的动力学过程"缓慢"变化；简正波垂向本征函数 $\phi_n(x,y,z,\tau)$ 是水平位置坐标 (x,y) 的函数，由以下常微分本征值问题决定：

$$\frac{\mathrm{d}^2}{\mathrm{d}z^2}\phi_n(x,y,z,\tau) + \left\{ \frac{\omega^2}{[c_0(z)+\delta c(x,y,z,\tau)]^2} - k_n^2(x,y,\tau) \right\}\phi_n(x,y,z,\tau) = 0 \tag{3-38}$$

其中，本征波数和本征函数是水平空间位置参数的函数，称为"局地简正波"。局地简正波本征函数同样满足正交性与完备性，但不同水平位置的局地简正波本征函数之间不满足正交性，相互之间相差一个酉变换。式（3-37）利用了局地简正波本征函数完备特性，将声场展开为不同号简正波的叠加形式，$P_n(r)$ 表示距声源 r 位置处的第 n 号简正波幅度，由方程式（3-39）决定：

$$P_n(r) = \sum_m A_{mn}(r)\mathrm{e}^{i\theta_{mn}}, \quad m=1,2,\cdots,L; n=1,2,\cdots,N \tag{3-39}$$

式中，$A_{mn}\in\mathbb{C}$ 表示第 m 条水平本征射线的垂直剖面的第 n 号简正波幅度；$\theta_{mn}\in\mathbb{C}$ 表示对应的复数值相位；$m\in\mathbb{N}$ 取整数表示水平面内不同的本征声线路径（水平面不同两点间的连接射线路径可以存在多条）。本征声线的幅度和相位分别满足 x-y 平面内的程函方程：

$$\begin{cases} \left(\nabla_{(x,y)}\theta_{mn}\right)^2 = \mathrm{Re}(k_n)^2 \\ 2\nabla_{(x,y)}\theta_{mn}\cdot\nabla_{(x,y)}A_{mn} + A_{mn}\nabla_{(x,y)}^2\theta_{mn} + \mathrm{Re}(k_n)\mathrm{Im}(k_n)A_{mn} = 0 \end{cases} \tag{3-40}$$

式中，$\nabla_{(x,y)}=(\partial_x,\partial_y)$。注意，不同模态的本征声线程函方程不同，对应的水平波数不同。式（3-40）的近似解可以表示为

$$\theta_{mn}(x,y) \approx \int_{S_{mn}} \mathrm{Re}(k_n)s\mathrm{d}s \tag{3-41}$$

$$A_{mn}(x,y) \approx \frac{A_{mn}(0,0)}{\sqrt{D_{mn}(x,y,0)}}\mathrm{e}^{-\frac{1}{2}\int_{S_{mn}}\mathrm{Im}(k_n)s\mathrm{d}s} \tag{3-42}$$

式中，S_{mn} 表示对应的本征射线路径，由射线方程决定；D_{mn} 由编号为 (m,n) 的射

线的雅可比行列式决定。在实际计算中，局地简正波本征波数可采用微扰公式近似：

$$\delta k_n = \frac{1}{2k_n^0} \int_0^H \phi_n(z)^2 \left(-\frac{\delta c(x,y,z)}{c_0(z)} \right) k_0^2 \mathrm{d}z \qquad (3\text{-}43)$$

归纳式（3-37）～式（3-43）可以得到水平折射-绝热简正波近似条件下的声场表达式：

$$P(r,z,\omega;\tau) = \sum_{m,n} \frac{A_{mn}(0,0)}{\sqrt{D_{mn}(x,y,0)}} \mathrm{e}^{-\int_{S_{mn}} \mathrm{Im}(k_n)s\mathrm{d}s} \mathrm{e}^{\mathrm{i}\int_{S_{mn}} \mathrm{Re}(k_n)s\mathrm{d}s} \phi_n(x,y,z;\tau) \qquad (3\text{-}44)$$

式（3-44）给出了一般水平变化波导的水平折射-绝热简正波近似表示形式。与式（3-4）比较可以发现：水平变化波导理论上存在**双重多途**，来自垂向多模和水平面内的不同本征射线路径贡献。式（3-44）与水平不变波导的绝热近似表示的差异主要体现在相位项，需要考虑水平折射效应。在射线表示下，几何扩散因子包含在雅可比行列式之中。当折射偏转导致的距离变化量相对柱面扩散 $1/r^{1/2}$ 小，忽略水平折射引起的几何扩散修正，式（3-44）可以写作如下形式：

$$P(r,z,\omega;\tau) \propto \sum_{m,n} \frac{a_n(\omega,r_{mn})}{\sqrt{\overline{k}_{mn}r_{mn}}} \mathrm{e}^{\mathrm{i}\int k_n(s,\tau)\mathrm{d}s} S_{mn}\phi_n(x,y,z;\tau)\phi_n(0,z_s,\tau) \qquad (3\text{-}45)$$

式中，系数 a_n 是位置的缓变函数；r_{mn} 表示 m 个本征射线在源与接受阵确定的断面的投影。这里我们只关注信号模型，无须给出系数 a_n 的精确形式。

水平变化波导中，对于不同的源-接收位形，水平折射与垂直简正波耦合效应所占权重不同[32-33]。以非线性内波孤子环境为例，声波相对内波分为四个扇区，如图 3-3 所示[32]。

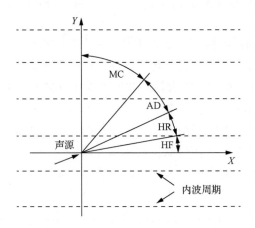

图 3-3　孤子内波环境下声传播特性[32]

图 3-3 中虚线表示内波波峰位置，内波沿垂直虚线方向传播。声波相对内波方向粗略分为四个扇区：近垂直内波传播方向的简正波耦合（mode coupling, MC）区域、绝热（adiabatic, AD）区域、水平折射（horizontal refraction, HR）区域和水平聚焦（horizontal focusing, HF）区域。除第一个简正波耦合区域外，其他区域采用射线-绝热简正波近似都可以较好近似声场传播特性。

图 3-4 给出了内波环境下的声波水平折射和聚焦射线仿真结果。当声源恰好位于两个波包之间时，相对内波波阵面的小掠射角入射声波会由于内波处的高声速区域的全反射被束缚在两个波包之间，形成明显的"水平波导"效应。

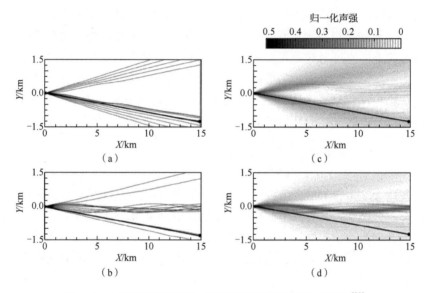

图 3-4　内波环境下的声波水平折射和聚焦射线仿真结果[33]

下面简单分析简正波耦合与绝热判据。局地简正波展开对于一般三维声场依然成立，然而介质非均匀性使得声传播过程中产生简正波耦合甚至不同断面之间的能量耦合。绝热近似相比于耦合简正波处理要简单得多，但其应用条件有限制，其对应的判别条件称为绝热近似判据，读者可以参考文献[34]。粗略地说，当介质扰动导致的局地简正波本征值扰动大于相邻两号简正波波数差时，绝热简正波假设不再成立，需要考虑这两号简正波的耦合问题[35-36]。全三维简正波耦合形式下的水声信号表示必须包含断面内和断面间的简正波耦合，表示形式会变得复杂。本章仅限于断面内简正波耦合，所谓 $N \times 2D$ 假设下。

简正波耦合方法由 Pierce[37]在 1965 年引入水声学领域，用以处理水平变化介质的简正波传播问题。描述简正波耦合的方程被称为耦合简正波方程。相关问题的细节特别是底边界条件处理一直争议不休，主要问题是所导出的微分、积分或者微分-积分联立方程组能否满足能量守恒约束。另外一个技术问题是，如何在耦合简正波框架中考虑简正波的连续谱成分。当考虑可穿透海底的连续谱成分时，必须确保对应的谱积分项收敛。有兴趣的读者可以参考三维耦合简正波计算方法[34]。

3.3.2　耦合信道模型

1.　声场的耦合简正波表示

3.3.1 节和第 2 章都涉及简正波耦合问题，在绝热近似条件下，水声信道在"简正波模态表示空间"依然是一种"可对角化"矩阵模型，不同的模态间能量转换可以忽略。然而当环境存在强介质起伏或者声波传播距离足够远时，简正波耦合（累积）效应不容忽略。Evans[38]的离散化耦合简正波处理方法直观，容易实现。特别是，这种处理对于构建信号模型较为方便，本节将介绍这种方法。

将轴对称二维不均匀波导区间分割为 M 段子区间：$[r_0,r_1]$，$[r_1,r_2]$，$[r_2,r_3]$，$\cdots$，$[r_{M-1},r_M]$。每一子区间内，介质被视为均匀波导，只考虑不同子区间之间界面导致的简正波耦合。譬如，第 j 个子区间位于第 $j-1$ 个与第 j 个界面之间。

只考虑前向传播，其声场可以利用局地简正波展开为

$$P^j(r,z) = \left(\frac{r_{j-1}}{r}\right)^{1/2} \sum_m a_m^j H_m^j(r) \phi_m^j(z) \qquad (3\text{-}46)$$

式中，上标 j 代表子区间编号；$H_m^j(r)$ 由下式给出：

$$H_m^j(r) = \exp[\mathrm{i}k_m(r - r_{j-1})]$$

不同子区间之间的简正波耦合矩阵的元素可以表示为

$$C_{mn}^j = \int_0^{+\infty} \rho^{-1}(z) \phi_m^{j+1}(z) \phi_n^j(z) \mathrm{d}z \qquad (3\text{-}47)$$

利用边界条件，各子区间的模态系数可以表示为声源的激发权重矢量的线性变换形式。譬如第 $j+1$ 个子区间的声场可以表示为

$$a^{j+1} = \left(\frac{r_1}{r_j}\right)^{1/2} \boldsymbol{S}^j a^1 \qquad (3\text{-}48)$$

式中，

$$\boldsymbol{S}^j = \boldsymbol{C}_{j+1,j} \boldsymbol{P}_j \boldsymbol{C}_{j,j-1} \cdot \cdots \cdot \boldsymbol{C}_{1,0} \boldsymbol{P}_0$$

式（3-48）可以直观理解为：声波首先经历由源到第一个界面的无耦合传播（矩

阵）P_0，在第一个界面产生简正波耦合 $C_{1,0}$，依次重复类似过程，最终形成第 $j+1$ 个子区间内的散射矩阵。将整个 M 段联合，声源激发权重矢量将经历整个散射矩阵，第 M 个子区间的简正波展开系数矢量可以表示为

$$a(r) = P_M C_{M,M-1} P_{M-1} C_{M-1,M-2} \cdot \cdots \cdot C_{1,0} P_0 a_0 \tag{3-49}$$

式中，对角传播矩阵定义为

$$P_\alpha \equiv \mathrm{diag}\left[\frac{\mathrm{e}^{\mathrm{i}k_1(\alpha)(r_{\alpha+1}-r_\alpha)}}{\sqrt{|k_1(\alpha)|}}, \ldots, \frac{\mathrm{e}^{\mathrm{i}k_M(\alpha)(r_{\alpha+1}-r_\alpha)}}{\sqrt{|k_N(\alpha)|}} \right], \quad \alpha = 0, 1, \cdots, M \tag{3-50}$$

$C_{\alpha+1,\alpha}$ 表示第 α 个子区间与第 $\alpha+1$ 个子区间界面简正波转换矩阵。式（3-51）定义了耦合简正波信道的模态空间表示的前向散射矩阵（forward scattering matrix, FSM）。

$$S(r) = P_M C_{M,M-1} P_{M-1} C_{M-1,M-2} P_{M-2} \cdot \cdots \cdot P_0 \tag{3-51}$$

当所关注区域为水平不变波导环境时，

$$C_{\alpha+1,\alpha} = I_{M \times M} \tag{3-52}$$

这种情形下，前向散射矩阵退化为式（3-17）的对角矩阵形式。

为了更好地理解耦合信道的模态空间表示，下面通过适当的公式变形，说明对应的物理图像。首先将界面简正波耦合矩阵分解为

$$C_{\alpha+1,\alpha} = I + R_{\alpha+1,\alpha} \tag{3-53}$$

将式（3-53）代入式（3-51），前向散射矩阵可以表示为求和形式：

$$\begin{aligned}
&S(r) \\
&= P_{M-1} P_{M-2} \cdot \cdots \cdot P_0 \\
&\quad + P_{M-1} P_{M-2} \cdot \cdots \cdot R_{1,0} P_0 + P_{M-1} P_{M-2} \cdot \cdots \cdot R_{2,1} P_1 P_0 + \cdots + P_{M-1} R_{M,M-1} P_{N-2} \cdot \cdots \cdot P_0 \\
&\quad + P_{M-1} R_{M,M-1} P_{N-2} R_{M-1,M-2} \cdot \cdots \cdot P_1 P_0 + P_{M-1} P_{M-2} R_{M-1,M-2} P_{M-2} P_{M-2,M-3} \cdot \cdots \cdot P_1 P_0 + \cdots \\
&\quad + P_{M-1} R_{M,M-1} P_{M-2} R_{M-1,M-2} \cdot \cdots \cdot R_{1,0} P
\end{aligned} \tag{3-54}$$

式（3-51）也可以改写为如下连续形式：

$$\begin{aligned}
S(r,\omega) = P(r,\omega) &+ \int_0^r P(r,r') R(r') P(r',\omega) \mathrm{d}r' + \cdots \\
&+ \int_0^r P(r,r') R(r') P(r',r'') R(r'') \cdots \cdot P(r^n, r^{n+1}) \mathrm{d}r' + \cdots \tag{3-55}
\end{aligned}$$

式中，P 表示传播矩阵；R 由式（3-53）定义。由于矩阵运算，式（3-52）中 R

的位置不能随意与传播矩阵互换。式（3-55）表示的级数展开形式基于前向散射近似，也可以作为第 2 章 DT 方程的级数解[24]。式（3-54）和式（3-55）可以理解为简正波耦合信道的最一般信号模型。物理解释如下：式（3-54）表示的前向散射矩阵形式把声场分解为直达、一次界面耦合、二次界面耦合……M 次界面耦合的（散射）贡献的总和。对应式（3-55）是积分方程的多次散射级数解形式。对于多数复杂海洋环境问题，式（3-55）可以做截断近似。譬如，二阶前向散射近似可以在上述级数形式矩阵公式中只保留包含两个界面的耦合矩阵 $\boldsymbol{R}_i$ 项。

2. 耦合信道模态空间表示参数化

下面考虑一般模态空间表示式（3-54）的前向散射矩阵的参数化。为了遍历所有可能耦合模型，式（3-54）包含参数：

$$r_\alpha\in\mathbb{R}, k_n(\alpha)\in\mathbb{C}, \alpha=0,1,\cdots, M\in\mathbb{N}; n=1,2,\cdots,N\in\mathbb{N} \qquad (3\text{-}56)$$

和界面耦合矩阵：

$$\boldsymbol{R}_{\alpha+1,\alpha}\in\mathbb{C}^{N\times N} \qquad (3\text{-}57)$$

第一组参数定义耦合位置和子区间本征波数，第二组定义界面耦合矩阵。式（3-56）和式（3-57）定义的变量称为**耦合信道唯象变量**。界面耦合矩阵 C 近似满足酉阵条件[39]。同时由于模态耦合只在相近模态间较强，因此式（3-57）中的矩阵并非任意矩阵，一般呈主对角块状形式。上述唯象表示的参数维数基本决定了耦合信道维数。对于浅海远场问题，由于模态剥离效应，有效简正波号数 M 有限，而且分段也可以考虑两号简正波最小干涉跨度决定的空间尺度，分段数 M 往往也是有限的。同样每一子区间内的本征水平波数的取值范围都是有限区间。

式（3-54）和式（3-55）中前向散射矩阵也可以改写为以下"平面波"叠加形式：

$$S_{nm}(r,\omega) = \sum_l |S|_{nm,l}(r,\omega)\mathrm{e}^{\mathrm{i}k_{nm,l}(\omega,r)r} \qquad (3\text{-}58)$$

式中，通过 l 求和遍历式（3-51）所示的所有可能的耦合组合（包括多次耦合）。假设有 M 个耦合界面，那么 l 遍历所有 $M!$ 种耦合方式。带状幅度矩阵元素 $|S|_{nm,l}$ 和等效波数 $k_{nm,l}$ 一般是频率和源-接收阵距离的函数。两种极端情形：①随机矩阵，此时存在足够多的耦合，由于耦合强度与位置的随机性，幅度矩阵元素 $|S|_{nm,l}$ 和"等效波数" $k_{nm,l}$ 可以近似为一般随机变量；②有限离散强耦合矩阵，此时式（3-58）只由有限个强耦合矩阵构成，对应的"等效波数" $k_{nm,l}$ 呈"离散波数谱"形式。随机内波环境下低频长距离传播对应第一种情形，而强非线性内波或局部强海底起伏导致的简正波耦合对应第二种情形。特别是，当二次散射可以忽略时，第二种情形的幅度矩阵元素 $|S|_{nm,l}$ 可以近似认为不依赖频率。详细讨论可以参考第 5 章

传播不变量有效性部分。模态空间表示对于特定的应用非常重要。在第 5 章环境适应声场处理中，模态空间表示被用于深度学习的样本制备。其对应的信号生成模型的假设为第二种情形的单次散射近似情形。

简正波耦合可以导致明显的声场退相干。由于简正波耦合，接收信号的某号简正波不再是绝热近似形式，会叠加各种简正波耦合成分。这些成分的相位取决于简正波耦合的空间位置与耦合强度。简正波之间的干涉会导致相消和相长干涉。譬如对于单纯的非线性内波环境，声场出现的相长、相消干涉依赖频率[24]。而随机内波环境下，由于时空结构的随机性，当大量的随机简正波耦合出现时，实际上散射矩阵更接近复数值随机矩阵（浅海是带状随机矩阵，而深海接近随机酉阵），此时信道声传播问题是一个典型的随机介质散射问题。简正波耦合一般随着频率降低而变弱，绝热简正波近似逐渐成立。简正波耦合强度与两号简正波垂直模态函数和介质起伏量的 z 方向积分量有关，参见式（3-47）。当频率降低时，水体或海底起伏尺度远小于简正波的本征模态 $\varphi_n(z)$ 的半波长，耦合系数矩阵非常小。Colosi[30]采用深海随机内波谱仿真浅海随机内波，研究表明：对于典型浅海环境，百赫兹量级的低频段声简正波耦合相对较弱。对于这些低频声波，只需要考虑绝热近似及其相位累积导致的相位随机化。

最后，对一般三维信道中信号的模态空间表示做简单说明。一般三维水声信道可以引入一个四阶张量散射函数表示。此时模态空间表示前向散射矩阵不再是矩阵表示，而应该修改为张量。前向散射矩阵本身是入射 θ_{in} 和出射方位角度 θ_{out} 的函数，亦即 $S_{nm}(\theta_{in}, \theta_{out})$，是四维张量。

3.3.3　耦合信道的本征模态

当存在明显的简正波耦合时，即使采用简正波过滤将声场分解为局地简正波成分，各成分也不再是简单的单号简正波时频结构。某号简正波由大量耦合信号叠加构成，在极端情况下根本无法从时域进行分离，这时候常规的简正波群速度概念无法在这类实验中观测刻画。

海洋声传播有趣的一面是随机海洋环境下的声波传播问题。与其他物理学科方向如光学或电子在随机介质中的传播问题不同，声波在浅海随机介质中的传播问题，由于模态剥离效应，散射问题一般不满足时间反转镜（time reverse mirror，简称时反）对称性和能量守恒。为了推广群延时概念，首先定义时间-矩阵（time-matrix，t-矩阵）如下：

$$t \equiv S^{-1}\partial_\omega S \qquad\qquad (3\text{-}59)$$

式中，上标"-1"表示矩阵的逆；S 是前向散射矩阵，一般形式由式（3-55）确定。首先考虑不存在简正波耦合时，前向散射矩阵可以用传播矩阵 P 替换：

$$
P \equiv
\begin{bmatrix}
\dfrac{e^{iRe(k_1)r-Im(k_1)r}}{\sqrt{k_1}} & 0 & \cdots & 0 \\[2ex]
0 & \dfrac{e^{iRe(k_2)r-Im(k_2)r}}{\sqrt{k_2}} & \cdots & 0 \\[2ex]
\vdots & \vdots & & \vdots \\[2ex]
0 & 0 & \cdots & \dfrac{e^{iRe(k_N)r-Im(k_N)r}}{\sqrt{k_N}}
\end{bmatrix}
\tag{3-60}
$$

将式（3-60）代入式（3-59）得

$$
t \approx \text{diag}[\partial_\omega k_1 r, \partial_\omega k_2 r, \cdots, \partial_\omega k_M r] \tag{3-61}
$$

式（3-61）计算中忽略了对分母项的微分，这一项是一个高阶小量。此时，t-矩阵是一个对角复数矩阵，其实部恰好等于各号简正波的群延时，而虚部对应单位频率的衰减。将以上定义推广得到一般简正波耦合信道的"群延时矩阵"（group delay matrix, GDM）：

$$
t_1 \equiv S^{-1}\partial_\omega S, \quad t_2 \equiv S^{H}\partial_\omega S \tag{3-62}
$$

式中，上标 H 表示共轭转置。

当前向散射矩阵近似等于酉阵时，式（3-62）中的两个矩阵相等。假设前向散射矩阵可以做对角化分解：

$$
S = U^{H}DU
$$

则

$$
t \equiv U^{H}D^{-1}\partial_\omega DU + U^{H}D^{-1}U\partial_\omega U^{H}DU + U^{H}\partial_\omega U \tag{3-63}
$$

式（3-63）说明：前向散射矩阵的本征矢量空间与群延时矩阵的本征矢量并不完全重合。整个传播过程能量传输可以表示为

$$
E \equiv \text{tr}(S^{H}S) = \sum_{n=1}^{M} e_n^2 \tag{3-64}
$$

式中，e_n^2 是矩阵 $S^{H}S$ 的本征值。

影响实际海洋环境的因素非常多，实际海洋环境是一个动态起伏环境。频率的对偶变量是时间，为了刻画介质起伏对信道稳定性的影响，定义 τ 为地理时间（geo time），可以定义以下矩阵：

$$
\nu \equiv S^{-1}\partial_\tau S \tag{3-65}
$$

这个 ν 矩阵是频率量纲，刻画了前向散射矩阵随地理时间的演化特性。ν 矩阵可以用来刻画环境特性随地理时间序列的变化频率。同样可以对其他参数如传播距离等量定义类似的矩阵，用这些矩阵的本征值和本征函数刻画环境特性。采用上述形式定义矩阵的一个主要原因是：这些矩阵具有特定的不变性，不依赖接收处简正波本征函数基底的选取。当更换简正波基底时相当于做变换：$S \to M \cdot S$（其中 M 是一个可逆矩阵）。另外一个更加重要的原因是：式（3-62）和式（3-65）矩阵的本征模态中，最小本征值对应的本征模态拥有最小频散和环境稳定模态。这些模态在复杂水声环境下的水声通信和探测应用中有着潜在的应用价值。

这里需要强调以下两点。

（1）简正波本征函数本身也是频率和环境参数的函数，上述推导没有考虑这些因素，所以仅限于概念层面。在严格处理中，上面公式的前向散射矩阵应该用算子取代。其具体推导的技巧性较强，在这里不再详细论述。

（2）群延时矩阵最初由 Wigner[40] 在研究随机矩阵理论刻画重核散射时引入，后来 Smith[41] 将它应用于量子多通道散射问题。文献[42]在研究随机散射介质问题中证明：传播时延矩阵的本征态具有非常有用的性质，尽管介质散射非常复杂，但随机矩阵理论确保总存在稳定的"类粒子（particle like）/射线"模态。Wigner-Smith 矩阵原本定义中，算子求逆由算子的共轭转置定义，适用于量子力学的酉变换。当这种方法应用于水声特别是浅海声学问题时，必须做相应修正。

本节讨论了水平变化波导中声信号的模态空间表示。对于一个无吸收、衰减的物理系统，这种描述意义不大，因为函数空间是无穷维的。然而，对于水声问题则不同，简正波剥离效应和简正波耦合总是处于一种"竞争"状态。前者不断剥离高号简正波，只保留低号简正波；而简正波耦合会不断混合各号简正波，使之趋于扩散场。从信号空间角度，前者总是在做物理降维处理，而后者却总是试图提升信号空间维度。特别是浅海声学，这种竞争效应明显。有兴趣的读者可以参考 Colosi[30] 关于内波环境下声传播统计特性的研究。最后需要强调，即使远场局部表现为绝热近似，并不意味其相位结构不包含耦合成分，耦合成分最终残留在低号简正波的幅度和相位信息中。这一点十分重要，譬如当试图利用 Δr-$\Delta \omega$ 空间干涉结构时，相位中 $\Delta \omega$ 相关的部分包含耦合因素。

3.4　水声背景场：混响

前向散射矩阵只考虑了前向散射，忽略了背向散射部分。当考虑双向耦合简正波问题时，需要额外增加背向散射矩阵。在 Evans[38] 的处理中，通过适当地修改，可以容易地处理双向耦合问题。在局部界面或整个耦合过程，简正波耦合包含前向、后向两部分，总是可以写作如下形式：

$$\begin{bmatrix} \boldsymbol{b}^+ \\ \boldsymbol{b}^- \end{bmatrix} = \begin{bmatrix} \boldsymbol{M}_{11} & \boldsymbol{M}_{12} \\ \boldsymbol{M}_{21} & \boldsymbol{M}_{22} \end{bmatrix} \begin{bmatrix} \boldsymbol{a}^+ \\ \boldsymbol{a}^- \end{bmatrix} \tag{3-66}$$

这个形式类似四端网络结构，如图 3-5 所示，其中块状矩阵 $\boldsymbol{M}_{mn}$（$m,n=1,2$）由环境参数、边界条件决定。

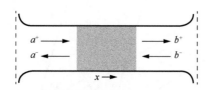

图 3-5　简正波耦合的四端网络表示

按照 Evans[38]的离散化耦合简正波处理思路，一个水平变化波导总是可以近似为若干水平分段（每个分段内的介质水平不变），每一段的前向和背向简正波幅度矢量可以通过边界处的边界条件建立矩阵关系：

$$\begin{bmatrix} \boldsymbol{b}_{n+1}^+ \\ \boldsymbol{b}_{n+1}^- \end{bmatrix} = \begin{bmatrix} \boldsymbol{M}_{(n+1),11} & \boldsymbol{M}_{(n+1),12} \\ \boldsymbol{M}_{(n+1),21} & \boldsymbol{M}_{(n+1),22} \end{bmatrix} \begin{bmatrix} \boldsymbol{b}_n^+ \\ \boldsymbol{b}_n^- \end{bmatrix}, \quad n=0,1,2,\cdots,M \tag{3-67}$$

整体 M 段联合得到

$$\begin{bmatrix} \boldsymbol{b}_N^+ \\ \boldsymbol{b}_N^- \end{bmatrix} = \begin{bmatrix} \boldsymbol{M}_{11} & \boldsymbol{M}_{12} \\ \boldsymbol{M}_{21} & \boldsymbol{M}_{22} \end{bmatrix} \begin{bmatrix} \boldsymbol{b}_0^+ \\ \boldsymbol{b}_0^- \end{bmatrix} \tag{3-68}$$

利用上述方程可以求双向耦合过程的透射矩阵和背向散射矩阵。假设透射和入射端均为均匀介质，因此透射端不存在反向成分：

$$\begin{bmatrix} \boldsymbol{T}^+ \\ \boldsymbol{0} \end{bmatrix} = \begin{bmatrix} \boldsymbol{M}_{11} & \boldsymbol{M}_{12} \\ \boldsymbol{M}_{21} & \boldsymbol{M}_{22} \end{bmatrix} \begin{bmatrix} \boldsymbol{I} \\ \boldsymbol{R}^- \end{bmatrix} \tag{3-69}$$

由此可以求得

$$\boldsymbol{R}^{-1} = -\boldsymbol{M}_{22}^{-1}\boldsymbol{M}_{21}, \quad \boldsymbol{T}^+ = \boldsymbol{M}_{11} - \boldsymbol{M}_{12}\boldsymbol{M}_{22}^{-1}\boldsymbol{M}_{21} \tag{3-70}$$

利用以上传输矩阵方法，理论上可以计算任意水平变化波导的前向透射矩阵和背向散射矩阵。

常用混响理论建模一般认为界面散射和介质散射来自所有空间位置散射的总

体贡献，简称"连续"散射过程。Evans[38]的这种处理显得有些笨拙，可以采用更为直观的方法得到。基于简正波方法的背向混响建模可以追溯到文献[43]、[44]。其基本物理图像如图 3-6 所示，其中 θ_m 和 θ_n 分别为第 m 号和第 n 号简正波的模态掠射角，dr 为两个散射点的距离，τ_1 为两个散射点的入射时延，τ_s 为两个散射点的散射时延。

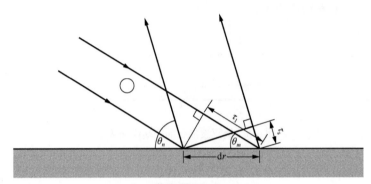

散射面积=$2\pi r \mathrm{d}r$

图 3-6　背向混响建模物理图像[43]

　　远场声源激发声波以简正波形式传播，每号简正波均可以在垂直方向分解为上行波和下行波成分。下行波在海底的背向散射成分传播至接收器，构成了一次散射近似下的海底混响。混响问题的海底耦合散射矩阵起源于界面起伏和介质非均匀性，具有明显的随机特性，因此背向混响矩阵 S_k 具有随机性。海底背向混响矩阵在实际应用中常采用朗伯（Lambert）散射率来表示：

$$g_{mn} = \mu \sin k\varphi_m \sin k\varphi_n \mathrm{e}^{\mathrm{i}\varphi_{mn}}, \quad k = 1,2 \tag{3-71}$$

式中，μ 是标量参数；φ_{mn} 相位通常假设为随机相位。这些参数与海底界面统计特性及底质类型有密切关系。

　　通常界面和介质的随机散射采用单次散射近似。同推导式（3-54）过程相同，一次散射近似下，背向混响信号的模态空间表示矩阵可以写为

$$S_{\mathrm{back}}(r) = \lim_{N \to \infty} \sum_{k=1}^{N} P_1 P_2 \cdot \cdots \cdot P_k S_k P_k \cdot \cdots \cdot P_2 P_1 \tag{3-72}$$

式中，第 m 号和第 n 号耦合的背向混响矩阵成分表示为

$$[S_k]_{mn} \equiv A_m(z_{\mathrm{b}}) g_{mn} A_n(z_{\mathrm{b}}) \tag{3-73}$$

其中，g_{mn} 是海底简正波背向耦合散射矩阵［式（3-71）］，其他符号参阅文献[44]。

式（3-72）中 $\boldsymbol{P}_k$ 表示第 k 子区间的前向传播矩阵。式（3-73）的物理意义如下：主动发射信号经历前向传播，与界面耦合作用产生后向散射，后向散射信号按照反向的顺序再次"前向"传播至发射位置。对于一般异地混响问题也可以利用上述直观的方法表示。

最后，主动混响与目标散射在实际应用中总是同时存在的。不同号简正波在局部传播可以分解为具有一定掠射角的上行平面波和下行平面波的叠加，上行平面波和下行平面波遇到目标会产生散射。由于波导界面的存在，散射波可能会经过界面反射后再次回到目标形成二次或多次散射，因此问题会变得较为复杂。当目标远离上下界面时，单次散射近似基本成立[45]。

主动混响问题中常包含两大类信号：①连续散射，包括随机界面散射和随机介质散射；②离散散射，例如，水中目标散射和强散射杂波事件。杂波信号在时间序列中表现为离散脉冲序列，容易与目标回波/散射信号混淆，特别是"静止或低速目标"。目标散射问题在处理方法上与传播问题有着很大的区别，超出了本书的范围，有兴趣的读者可以参考文献[46]～[48]。

3.5　小　　结

本章从水声物理角度描述了水声信号的简正波展开表示，强调了水声信号空间的唯象表示形式。应用简正波方法可以给出绝热、耦合信道声信号和一阶混响信号的唯象表示形式。由于浅海波导的模态剥离特性，这些信号空间总是有限维的，可以用有限个唯象变量刻画。这些变量不能随意取值，其取值范围被限定在一定物理区间内。给定唯象表示和相应的唯象变量，对应的声信号空间就可以刻画出来。

归纳水声信道基本特性如下。

（1）在简正波表示下，远场信号空间维数总是有限的，具有稀疏性。

（2）对于水平不变波导，信号表示可以采用 k_n、φ_n 两组唯象变量刻画。环境参数的依存关系隐含在这些唯象变量之中。

（3）信号依赖目标-环境参数，通常环境参数空间的维数大于信号空间维数，使得问题变得欠定。

（4）水声传播总是伴随一定程度的散射、模态耦合，特别是浅海信道尤为突出。然而，模态剥离与耦合总是处于竞争状态。

（5）在海洋声学传播问题中，可以粗略地将介质不均匀性导致的传播分为独立的"本征水平折射"和"断面内简正波耦合"两部分。前者取决于介质水平不均匀性，而后者主要取决于介质的垂向不均匀性。除了海底山等特殊地形导致的散射问题，一般无须讨论不同"本征水平折射断面"间的声场耦合问题。

（6）需要重点强调的是，除一般背景场导致的加性噪声外，环境起伏、阵流形不确定均会诱导信号幅度和相位起伏。因此，信号场唯象变量在随机海洋环境下一般难以完全确定，声场或环境建模往往只能提供一定参考值，而实际应用中必须考虑环境不确实和不确定性导致的变化。正确理解目标和信道不确定、不确实特性，特别是时间、空间相关尺度非常重要。

<h1 style="text-align:center">参 考 文 献</h1>

[1]　汪德昭, 尚尔昌. 水声学[M]. 2 版. 北京: 科学出版社, 2017.

[2]　杨士莪. 水声传播原理[M]. 哈尔滨: 哈尔滨工程大学出版社, 2007.

[3]　惠俊英, 生雪莉. 水下声信道[M]. 2 版. 北京: 国防工业出版社, 2007.

[4]　Ziomek L J. Underwater acoustics: A linear systems theory approach[M]. New York: Academic Press, 1985.

[5]　程玉胜, 李智忠, 邱家兴. 水声目标识别[M]. 北京: 科学出版社, 2018.

[6]　Mallat S G, Zhang Z. Matching pursuits with time-frequency dictionaries[J]. IEEE Transactions on Signal Processing, 1993, 41（12）: 3397-3415.

[7]　Huggins P S, Zucker S W. Greedy basis pursuit[J]. IEEE Transactions on Signal Processing, 2007, 55(7): 3760-3722.

[8]　Donoho D L. Compressed sensing[J]. IEEE Transactions on Information Theory, 2006, 52(4): 1289-1306.

[9]　Yang T C, Yates T. Matched-beam processing: application to a horizontal line array in shallow water[J]. The Journal of the Acoustical Society of America, 1998, 104(3): 1316-1330.

[10]　Shang E C, Clay C S, Wang Y Y. Passive harmonic source, ranging in waveguides by using mode filter[J]. The Journal of the Acoustical Society of America, 1985, 78(1): 172-175.

[11]　Zhao Z D, Wu J R, Shang E C. How the thermocline affects the value of the waveguide invariant in a shallow-water waveguide[J]. The Journal of the Acoustical Society of America, 2015, 138(1): 223-231.

[12]　赵振东. 基于海底 P, Q 描述的声场建模、参数获取及不确定性分析[D]. 北京: 中国科学院声学研究所, 2014.

[13]　Clay C S. Use of arrays for acoustic transmission in a noisy ocean[J]. Reviews of Geophysics, 1966, 4(4): 475-507.

[14]　Clay C S. Array steering in a layered waveguide[J]. The Journal of the Acoustical Society of America, 1961, 33(7): 865-870.

[15]　Bucker H P. Use of calculated sound fields and matched field detection to locate sound sources in shallow water[J]. The Journal of the Acoustical Society of America, 1976, 59(2): 368-373.

[16]　Shang E C. An efficient high-resolution method of source localization processing in mode space[J]. The Journal of the Acoustical Society of America, 1989, 86(5): 1960-1964.

[17]　何怡, 张仁和. WKBZ 简正波理论应用于匹配场定位[J]. 自然科学进展, 1994, 4(1): 118-122.

[18]　周士弘, 张仁和, 龚敏, 等. WKBZ 简正波方法在深海匹配场定位中的应用[J]. 自然科学进展, 1997, 7(6): 661-667.

[19]　周士弘. 水下声目标匹配场定位方法与应用研究[D]. 北京: 中国科学院声学研究所, 2011.

[20]　杨坤德. 水声阵列信号的匹配场处理[M]. 西安: 西北工业大学出版社, 2009.

[21]　Weston D E, Smith D, Wearden G. Experiments on time-frequency interference patterns in shallow-water acoustic transmission[J]. Journal of Sound and Vibration, 1969, 10(3): 424-429.

[22]　Colosi J A, Duda T F, Moroz A K. Statistics of low-frequency normal-mode amplitudes in an ocean with random sound speed perturbations: shallow-water environments[J]. The Journal of the Acoustical Society of America, 2012, 131(2): 1749-1761.

[23]　Flatte S M. Sound transmission through a fluctuating ocean[M]. New York: Cambridge University Press, 1979.

[24]　Yang T C, Yoo K. Internal wave spectrum in shallow water: measurement and comparison with the Garrett-Munk model[J]. IEEE Journal of Oceanic Engineering, 1999, 24(3): 333-345.

[25]　Yang T C. Measurements of temporal coherence of sound transmissions through shallow water[J]. The Journal of the Acoustical Society of America, 2006, 120(5): 2595-2614.

[26]　季桂花, 李整林, 戴琼兴. 浅海中内波对匹配场时间相关的影响[J]. 声学学报, 2008, 33(5): 419-424.

[27]　Ren Y, Li Z L. Effects of internal waves on signal temporal correlation length in the South China Sea[J]. Chinese Journal of Oceanology and Limnology, 2010, 28(5): 1119-1126.

[28]　Schmidt R O. A signal subspace approach to multiple emitter location and spectral estimation[D]. Stanford: Stanford University, 1981.

[29]　Raghukumara K, Colosi J A. High-frequency normal-mode statistics in shallow water: the combined effect of random surface and internal waves[J]. The Journal of the Acoustical Society of America, 2014, 136(1): 66-79.

[30]　Colosi J A. Sound propagation through the stochastic ocean[M]. New York: Cambridge University Press, 2016.

[31]　Weinberg H, Burridge R. Horizontal ray theory for ocean acoustics[J]. The Journal of the Acoustical Society of America, 1974, 55(1): 63-79.

[32]　Badiey M, Katsnelson B G, Lynch J F, et al. Frequency dependence and intensity fluctuations due to shallow water internal waves[J]. The Journal of the Acoustical Society of America, 2007, 122(2): 747-760.

[33]　Badiey M, Katsnelson B G, Lynch J F, et al. Measurement and modeling of three-dimensional sound intensity variations due to shallow-water internal waves[J]. The Journal of the Acoustical Society of America, 2005, 117(2): 613-625.

[34]　Shmelev A A, Lynch J F, Lin Y T. Three-dimensional coupled mode analysis of internal wave acoustic ducts[J]. The Journal of the Acoustical Society of America, 2014, 135(5): 2497-2512.

[35]　Milder D M. Ray and wave invariants for SOFAR channel propagation[J]. The Journal of the Acoustical Society of America, 1969, 46(5B): 1259-1263.

[36]　McDaniel S T. Mode conversion in shallow-water sound propagation[J]. The Journal of the Acoustical Society of America, 1977, 62(2): 320-334.

[37]　Pierce A D. Extension of the method of normal modes to sound propagation in an almost-stratitied medium[J]. The Journal of the Acoustical Society of America, 1965, 37(1): 19-27.

[38]　Evans R B. A coupled mode solution for acoustic propagation in a waveguide with stepwise depth variations of a penetrable bottom[J]. The Journal of the Acoustical Society of America, 1983, 74(1): 188-195.

[39]　王鹏宇. 线性信号系统与信号不变量: 光度变换微分与声传播不变量[D]. 青岛: 中国海洋大学, 2018.

[40]　Wigner E P. Lower limit for the energy derivative of the scattering phase shift[J]. Physics Review Journals, 1955, 98(1): 145-147.

[41]　Smith F T. Lifetime matrix in collision theory[J]. Physics Review Journals, 1960, 118(1): 349-356.

[42]　Rotter S, Ambichl P, Libisch F. Generating particlelike scattering states in wave transport[J]. Physics Review Letter, 2011, 106(12): 120602.

[43]　Bucker H P, Morris H E. Normal-mode reverberation in channels or ducts[J]. The Journal of the Acoustical Society of America, 1968, 44(3): 827-828.

[44]　Zhang R H, Jin G L. Normal-mode theory of the average reverberation intensity in shallow water[J]. Journal of Sound and Vibration, 1987, 119(2): 215-223.

[45]　Ellis D D. A shallow water normal mode reverberation model[J]. The Journal of the Acoustical Society of America, 1995, 97(5): 2804-2814.

[46]　Ingenito F. Scattering from an object in a stratified medium[J]. The Journal of the Acoustical Society of America, 1987, 82(6): 2051-2059.

[47]　Makris N C, Ratilal P. A unified model for reverberation and submerged object scattering in a stratified ocean Waveguide[J]. The Journal of the Acoustical Society of America, 2001, 109(3): 909-941.

[48]　汤渭霖, 范军, 马忠成. 水中目标声散射[M]. 北京: 科学出版社, 2018.

第 4 章　浅海波导不变量及其应用

本章主要结合作者的工作，介绍有关波导不变量的相关应用。4.1 节至 4.5 节分别介绍波导不变量概念与基本特性、应用与变形、warping（翘曲）变换与消频散变换和阵不变等概念与应用。4.6 节讨论波导不变量与环境参数的关系、水平变化波导不变量等应用的局限性和主要问题。

4.1　波导不变量的概念

干涉现象是波动场的基本特性。相较光波干涉现象，声波的干涉现象更容易观测。但由于水声实验技术的制约，浅海声场干涉现象观测只有半个世纪左右的历史。浅海波导中，宽带声传播在水平传播距离 r 和水深 z 二维平面 $r\text{-}z$ 上会出现亮暗相间的干涉条纹。利用简正波方法，这一现象可解释为多号声简正波干涉[1-2]。浅海声场干涉现象的系统研究可追溯到 20 世纪 60 年代，Weston[3]推导了浅海声场中射线和简正波干涉结构的关系，此后 Weston 和其他声学研究工作者相继开展了实验室实验[4]、海试实验[5]及理论模型和实验数据对比研究[6-9]。

虽然浅海声场干涉特性在理论和实验上已被验证，由于实验技术的局限，浅海声场干涉现象的实验观测依然难度较大。苏联水声工作者在 20 世纪 80 年代就浅海声场干涉现象开展了系统性的研究[10-13]。Chuprov 等[14]、Brekhovskikh 等[15]研究距离-频率（$r\text{-}\omega$）平面的海洋波导声场干涉结构特征，首次明确地提出了波导不变量（waveguide invariant）概念：

$$\beta^{-1} = \frac{r}{\omega}\frac{\partial\omega}{\partial r}\bigg|_{I=\text{const}} \tag{4-1}$$

波导不变量 β 刻画了信号频率 ω、声源到接收器间的水平距离 r，以及在 $r\text{-}\omega$ 平面内（等强度）干涉条纹斜率 $\partial\omega/\partial r$ 三者间的函数关系。简正波本征模态分为 SRBR 和 RBR 两类，浅海波导不变量根据简正波模态类型同样分为两类。前者 β 取值稳定在 1.0 附近，后者与温跃层结构、频段有密切关系。β 取值取决于温跃层结构和频率，分布范围较广。实际上，即便是匹克利斯波导，宽频率范围内 β 也并不严格等于 1.0，与简正波模态对有关；但对多数间干涉而言，特别是当频段远离模态截止频率时，β 取值近似 1.0，故而称之为不变量。波导不变量的重要性在于刻画了浅海声场在 r-ω 平面的一种干涉规律，这一规律具有普遍性。

Chuprov 等[14]提出的波导不变量 β 概念要求任意两号简正波的干涉结构都满足式（4-1）。1993 年 Grachev[16]证明，任意两号简正波的干涉条纹具有相同斜率条件等价于简正波水平波数差和波导不变量 β 存在如下关系式：

$$\Delta k_{mn} = k_n - k_m \equiv \gamma_{nm} \omega^{-1/\beta} \tag{4-2}$$

声场在 r-ω 平面上的干涉结构由水平波数差 Δk_{mn} 唯一决定，式（4-2）将任意两号简正波水平波数差的频率特性用波导不变量 β 统一（而不是 β_{mn}），从而解释了任意两号简正波的干涉结构满足式（4-1）。式（4-2）中 γ_{nm} 是由海洋环境参数决定的频散系数，决定了 r-ω 平面上模间干涉跨度或周期。

2002 年俄美两国科研人员在美国海军研究所（Office of Naval Research, ONR）的资助下，在美国加利福尼亚州举行了一次主题为 "Ocean Acoustic Interference Phenomena and Signal Processing"（海洋声学干扰现象与信号处理）的研讨会。此后，大量与浅海声场干涉结构和波导不变量相关的应用研究论文发表在美国声学学报[17-18]。声场声信息国家重点实验室在国内最早开展波导不变量应用研究[19-20]，中国海洋大学也相继开展了基于波导不变量的各种应用研究[21-23]。

4.2　波导不变量的基本特性

4.2.1　波导不变量的简正波解释及基本性质

水平不变波导中的宽带点源声场的复数声压，利用简正波展开可以表示为

$$p(r,z;\omega) = \frac{\mathrm{e}^{\mathrm{i}\pi/4}}{\rho_0\sqrt{8\pi}}\sum_{n=1}^{N}\phi_n(z)\phi_n(z_s)\frac{\mathrm{e}^{\mathrm{i}k_n r}}{\sqrt{k_n r}} \tag{4-3}$$

声压的幅度平方表示为

$$\left|pp^*\right| \equiv I(r,\omega) = \frac{1}{\rho_0 r}\left\{\sum_{n=1}^{N}A_{nn} + \sum_{n\neq m}^{N}A_{nm}\cos[(k_n - k_m)r]\right\} \tag{4-4}$$

式（4-4）右侧大括号中的第一项表示同号简正波的非相干项，这里忽略波数的衰减因子；式（4-4）右侧大括号中的第二项表示不同号简正波间的相干项，系数 A_{nm} 一般是频率的缓变函数。忽略衰减因子贡献，第一项与距离无关，第二项决定 r-ω 平面内的声场干涉结构。将式（4-2）代入式（4-4）发现：在 r-ω 平面内干涉项近似是 $\omega^{-1/\beta}r$ 的函数，因此 $\omega^{-1/\beta}r$=常数定义了一族 r-ω 平面上的等值线，沿一条等值曲线求全微分可得到式（4-5）：

$$-1/\beta\omega^{-1/\beta-1}r\Delta\omega+\omega^{-1/\beta}\Delta r=0 \Rightarrow 1/\beta=\frac{\Delta r}{\Delta\omega}\bigg|_{\text{contour}}\frac{\omega}{r} \tag{4-5}$$

以上推导表明：波导不变量的物理本质是由特殊的频散函数关系决定的。

可以利用数值仿真算例形象地说明声强 r-ω 干涉条纹。图 4-1 是一典型的浅海波导环境模型：水深 40m、负温跃层、随深度线性变化的地声结构。声速剖面和海底的地声参数在图 4-1 中给出。

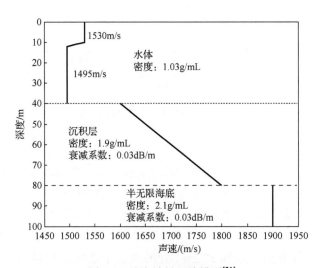

图 4-1　浅海波导环境模型[21]

将声源置于温跃层以下 20m 处，声场的前三号简正波本征函数的深度分布如图 4-2 所示，其中，图（a）为水体和部分海底的本征函数，图（b）为水体的本征函数。

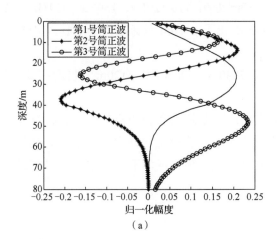

（a）

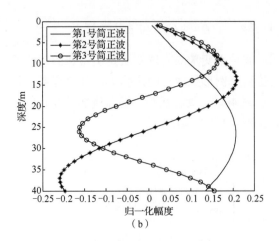

图 4-2　前三号简正波本征函数的深度分布

　　为了更细致地研究声场的干涉特征，计算声压幅度在 r-ω 平面内的分布。这里声场利用 KRAKEN[21] 和 FOR3D[22] 程序进行计算，图 4-3 给出的是在 5000～5500m 的水平距离内，不同接收深度处（5m,15m,25m,35m）声强的距离-频率分布，图中具有规则斜率的干涉条纹，与前文中给出的波导不变量概念及其刻画的声场干涉特征相吻合。

　　由图 4-3 可以看出，水深 z=25m 处的声强干涉条纹相对密集，对照图 4-2 中前三号简正波的垂向分布函数可知：在 25m 深度处第 2 号简正波强度很弱，声场主要由第 1 号和第 3 号简正波贡献。第 1 号和第 3 号简正波的水平波数差明显要比第 1 号和第 2 号简正波的水平波数差大，因此两号简正波空间干涉周期小，条纹间距小且密集。

　　图 4-4 给出了 z=30m 处频率为 129Hz、130Hz、131Hz 和 132Hz 的声强随距离的变化曲线，图 4-5 给出了 z=30m 处频率为 147Hz、148Hz、149Hz 和 150Hz 的声强随距离的变化曲线。

　　相似地，5000m、5040m、5080m 和 5120m 不同距离处声强随频率的变化曲线如图 4-6 所示。

　　以上仿真结果表明：声强随频率和距离的变化存在互相补偿效应。通过频率偏移可以补偿由于水平距离变化对声场分布的影响，这种干涉谱的"平移特性"被用于水平阵波束形成，解决声场干涉导致的水平阵纵向相关系数下降的问题[19-20]。

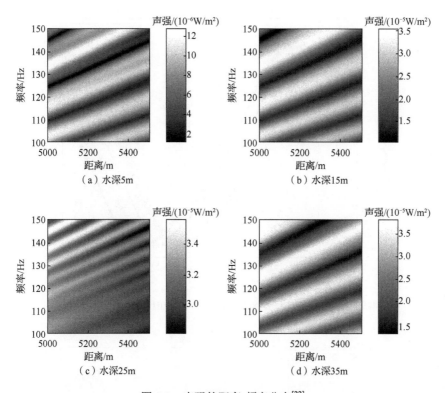

（a）水深5m

（b）水深15m

（c）水深25m

（d）水深35m

图 4-3　声强的距离-频率分布[22]

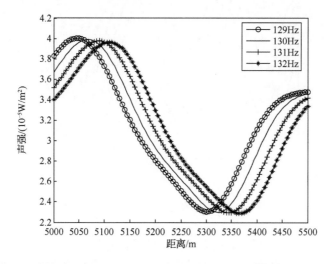

图 4-4　频率为 129Hz、130Hz、131Hz 和 132Hz 声强随距离的分布

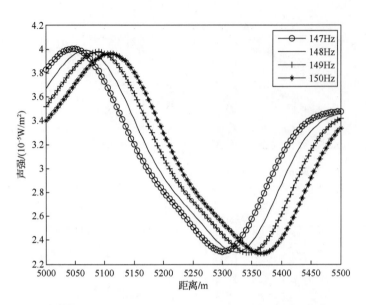

图 4-5　频率为 147Hz、148Hz、149Hz 和 150Hz 声强随距离的分布

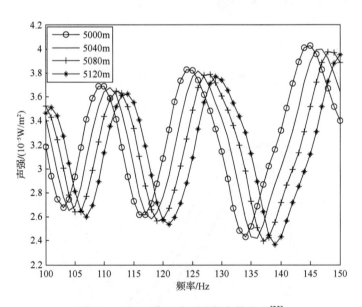

图 4-6　不同距离处声强随频率的分布[22]

波导不变量体现了海洋信道中的简正波频散特性与频率、环境参数及简正波号数都有一定关系。浅海水声环境最典型的问题是海底声学特性问题，波导不变量与地声参数之间存在复杂关系，而且随着频率和简正波模态号数改变。波导不

变量 β 可以直接利用简正波频散特性定义：

$$\beta_{mn} = -\frac{s_{pmn}}{s_{gmn}} \tag{4-6}$$

$$s_{pmn} = s_{pm} - s_{pn}, \quad s_{gmn} = s_{gm} - s_{gn} \tag{4-7}$$

式中，s_{pmn} 表示第 m 号和第 n 号简正波的相慢度（phase slowness）（速度的倒数称为慢度）差；s_{gmn} 表示第 m 号和第 n 号简正波的群慢度（group slowness）差。

当忽略波导不变量对简正波号数的依赖性，式（4-6）与式（4-1）定义一致。利用式（4-2）可以直接验证式（4-6）。式（4-1）和式（4-2）成立的条件是：当两号简正波均远离截止频率时[17]，参考附录 D。给定波导环境模型和参数，可以利用声场计算程序计算得到各号简正波的频散曲线，从而可以应用式（4-6）计算得到第 m 号和第 n 号简正波对应的波导不变量 β_{mn}。理论上 β_{mn} 与简正波号数、频率及其环境参数有关。

文献[24]利用海底声反射特性(P,Q)参数化模型给出了一个浅海波导不变量与 P 参数及等效海深参数 H_{eff} 的简洁解析公式。(P,Q)模型利用两个参数 P 和 Q 分别刻画低号简正波对应的广义射线海底全反射相移和衰减特性。对于远场问题，通常只有低号简正波信号较强，这种模型可以将复杂的地声建模问题简化为可以直接测量或估计的两个变量。(P,Q)模型在某些应用问题中实用性很强，文献[25]总结了(P,Q)模型的最新进展。低号简正波垂直分布函数在海底呈指数衰减形式，可以等效理解为"折射反转"，其反转深度在文献中称为简正波等效深度 H_{eff}，其与海底反射相移参数 P 的关系[26]为

$$H_{\text{eff}} = H + P/(2k_0) \tag{4-8}$$

式中，H 为水深；k_0 为均匀水体波数。由 WKB 模态相位条件[26]可知，等效深度 H_{eff} 和第 m 号简正波水平波数 k_m 满足关系：

$$k_m = k_0 \sqrt{1 - \left[m\pi/(k_0 H_{\text{eff}})\right]^2} \tag{4-9}$$

式（4-9）利用等效深度给出了简正波的频散关系。将式（4-9）代入式（4-6）可得到波导不变量 β 和海底反射相移参数 P 的关系式：

$$\beta_{mn} \approx 1 + P/(k_0 H_{\text{eff}}) \tag{4-10}$$

式（4-10）称为波导不变量 β 的 P-WKB 表达式[24]。

考虑匹克利斯波导模型：水体为等声速层，海底为液态半无界结构，如图 4-7 所示。在匹克利斯波导模型中，利用 KRAKEN 计算 220~1000Hz 各号简正波的群速

度和相速度，进而求得 β_{mn}，再应用 P-WKB 表达式（4-10）计算不同频率下的波导不变量 β，检验 P-WKB 表达式的准确性。

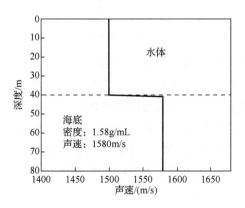

图 4-7　数值仿真的海洋环境参数[23]

图 4-8 为 KRAKEN 计算得到的前四号简正波的相速度和群速度频散曲线[23]。220Hz 时第 4 号简正波的相速度接近海底声速 1580m/s，说明 220Hz 接近第 4 号简正波的截止频率。

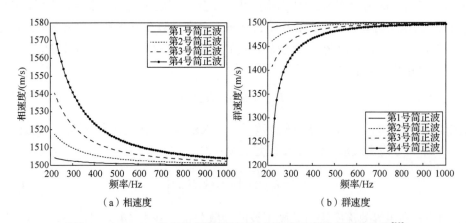

（a）相速度　　　　　　　　　　（b）群速度

图 4-8　KRAKEN 计算的前四号简正波相速度和群速度频散曲线[23]

将群速度和相速度计算结果代入式（4-6），可得到第 1 号至第 4 号简正波中任意两号简正波求得的波导不变量 $\beta_{mn}=\beta_{12},\beta_{23},\beta_{34}$ 随频率的变化曲线。应用 P-WKB 表达式（4-10）计算得到的波导不变量如图 4-9 所示。可以看出，当频率远大于简正波的截止频率时，式（4-10）可以较为准确地计算波导不变量的值。

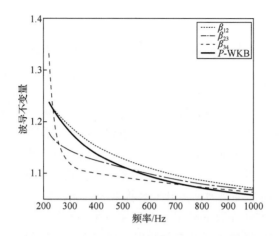

图 4-9　KRAKEN 及 P-WKB 表达式计算的波导不变量结果对比[23]

对于多层海底模型，式（4-10）依然可以近似波导不变量 β，其关键点是多层海底模型海底反射相移参数 P 值的获取，可参考文献[27]。式（4-10）建立了海底反射相移参数 P 与波导不变量 β 的对应关系，提供了一种根据海底参数及水深快速估计波导不变量的方法；反之，可以由声场的干涉条纹提取波导不变量，进而快速反演海底反射相移参数。

4.2.2　射线干涉与射线波导不变量

声场的简正波方法和射线方法是对同一物理现象的两种不同数学描述方法，简正波和射线可以相互转换、对偶描述。文献[28]应用简正波-射线方法讨论了浅海波导中波导不变量 β 与声速剖面、简正波频散的关系。

浅海声场也可以采用虚源叠加形式表示。声场的干涉在这种形式下表现为不同路径射线或虚源的叠加干涉。文献[29]采用这种方法解释声场干涉结构，给出了波导不变量与本征射线的跨度周期及传播时间的关系。该方法可以解析计算几种特殊声速剖面条件的 β 数值。

有关简正波-射线方法可以参考文献[26]和文献[30]，这种描述对于海洋声场干涉结构的理解非常有益。简正波描述与广义射线描述之间存在对偶性，但是并非一对一关系，因此文献[28]所讨论的 β 概念不完全等同于基于简正波描述的波导不变量。这种不变量是通过不同射线间的干涉条纹来定义的，由源-接收位置和声速剖面决定。为了区别于基于简正波模型的波导不变量，称之为"射线波导不变量"。许多应用文献中对于两者不加以区分，但是根据使用的观测数据的不同，两者有本质区别，需要区别对待，这里不再详细讨论。

4.3　波导不变量的应用与变形

波导不变量可用于被动测距，这也是波导不变量被广泛关注的主要原因之一。当波导不变量 β 已知时，可以直接根据 Chuprov 等[14]的波导不变量定义式（4-1），利用水平线列阵接收的宽带数据，估计声源和接收器之间的距离。不考虑信噪比因素，理论上，单水听器也可以用于估计宽带移动目标距离。

根据波导不变量的定义，测量 β 值需要从实验数据中估计干涉条纹的斜率。文献[31]讨论了利用二维离散傅里叶变换提取干涉条纹的相关技术。Rouseff[32]提出了利用积分变换方法提取 r-ω 平面内干涉条纹斜率的方法，这种方法具有一定的抗噪声性能，被广泛应用于从实际数据中提取干涉条纹斜率。

定义声压幅度 $I(r, f)$ 干涉图像的二维傅里叶变换：

$$\hat{I}(k_r, k_f) = \left| \iint I(r, f) \mathrm{e}^{-\mathrm{i}2\pi(k_r r + k_f f)} \mathrm{d}r \mathrm{d}f \right| \qquad (4\text{-}11)$$

将直角坐标 (k_r, k_f) 的图像化作对应极坐标 (K, θ) 上定义的图像，在局部窗口 $[\Delta r, \Delta f]$ 求取 $E(\theta)$：

$$E(\theta) = \int I(K, \theta) K \mathrm{d}K \qquad (4\text{-}12)$$

该函数的最大值对应的斜率 θ 即为估计值。文献[31]详细讨论了积分变换的窗口尺度选择条件：

$$\Delta r = 3 \frac{2\pi}{k_{fw}}, \quad \Delta f = 3 \frac{2\pi}{k_{rw}} \qquad (4\text{-}13)$$

$$k_{rw} \equiv \frac{2\pi}{3} r \left(\frac{1}{c_{min}} - \frac{1}{c_{max}} \right), \quad k_{fw} \equiv \frac{2\pi}{3} f \left(\frac{1}{c_{min}} - \frac{1}{c_{max}} \right) \qquad (4\text{-}14)$$

由式（4-13）知：距离窗口宽度反比于中心频率 f；而频率窗口宽度反比于目标距离 r。文献[31]利用意大利浅海声学实验数据对该方法进行了验证，假设 $\beta=1$ 时，相对测距误差不大于 25%。

波导不变量测距需要 r-ω 二维声场信息，水平线列阵测量系统是获取二维声场信息的重要途径。文献[33]将天文观测引导声源概念引入水声领域，并发展了"虚拟接收阵"的概念：一个移动声源互易等效为一种接收虚拟水平阵。采用单条垂直水听器阵获取同方向移动引导声源（guide sources）和目标声源（objective source）的宽带声信号，频率 $f+\Delta f$ 的引导声源与频率 f 的目标声源的两组数据的归一化互相关作为引导声源距离 r_g 和目标声源距离 r_o 的函数具有以下形式：

$$I(r_g, r_o; \omega) \propto \sum_{m,l} e^{-(\alpha_l + \alpha_m)(r_g + r_o)} A_{lm} \cos[r_o k_{lm}(\omega) - r_g k_{lm}(\omega + \Delta\omega)] \quad (4\text{-}15)$$

式中，引导声源距离 r_g 已知、可变，形成虚拟阵，其等值线满足：

$$\left(\frac{\Delta\omega}{\Delta r_g}\right)_{I=\text{const}} = \beta \frac{\omega}{r_o - r_g} \quad (4\text{-}16)$$

因此，利用引导声源可以形成虚拟水平阵实现相对距离估计。文献[22]给出了不同于文献[33]的另外一种利用引导声源测距的处理方法，这种处理无须先验已知 β。假设波导不变量对于所有模态成立，则

$$r_o / r_g = \omega_o L_g / (\omega_g L_o) \quad (4\text{-}17)$$

式中，L_g, L_o 分别表示引导声源和目标声源对应声强图像的斜率，当目标声源和引导声源的频谱中心频率一致时，式（4-17）可以简化为

$$r_o / r_g = L_g / L_o \quad (4\text{-}18)$$

由图 4-10 可见：声强沿水平距离和频率分别表现出准周期结构。这种准周期结构与波导不变量存在近似关系[21]：

$$\beta = \frac{r}{\omega} \frac{\Delta\Omega}{\Delta R} \quad (4\text{-}19)$$

式中，$\Delta\Omega$, ΔR 分别表示相邻两条干涉条纹在频率轴和距离轴的准周期。

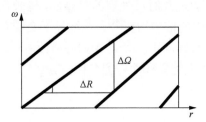

图 4-10　声强在水平距离-频率坐标平面上的干涉条纹示意图[22]

对于同一窄频率范围内的同一对模态，距离域干涉周期 ΔR 由模态水平波数差确定，因此斜率 L 近似由频域干涉周期 $\Delta\Omega$ 决定，此时式（4-18）简化为

$$r_o / r_g = \Omega_g / \Omega_o \quad (4\text{-}20)$$

式（4-20）可以用于单水听器的引导声源-目标声源测距，针对多模态混叠，文献[21]还讨论了"二重谱"概念分离上述准周期结构。

　　浅海声场的不同号简正波干涉会导致长水平阵纵向相关下降，如图 4-5 和图 4-6 所示。距离-频率干涉结构存在一定的互补关系，按照波导不变量所确立的距离-频率关系对阵元信号进行叠加，可以实现宽带信号的同相叠加效果。直观上，由于距离-频率干涉结构局部是一条斜线，水平阵不同阵元信号的相同频率成分并非同相位（参考图 4-3～图 4-5），同相位条件满足以下关系：

$$\left| p\left[\omega(1+\beta\frac{\Delta r}{r}), r+\Delta r \right] \right|^2 \approx \left| p[\omega, r] \right|^2 \tag{4-21}$$

　　由式（4-21）可以看出，正确的处理方法是将距离-频率平面内的信号沿着等值线叠加，这样就可以实现同相叠加，进而达到信号增强的目的。文献[17]和文献[18]将波导不变量方法应用到长线阵低频脉冲信号空间相关处理中，可补偿因干涉引起的纵向相关下降，有效地提高信噪比，进而提高声呐作用距离。文献[22]将这一方法推广到非脉冲信号处理中。文献[34]提出了一种波导不变量聚焦（waveguide invariant focusing）方法，可明显提高阵增益。

　　其他有关波导不变量的应用有：①文献[35]和文献[36]利用船舶噪声形成的 r-ω 域干涉结构重构各号简正波频散曲线，进而得到浅海海底沉积物声参数。混响现象是限制主被动声呐系统工作性能的重要因素，正确地估计和抑制混响一直以来是水声研究的重点。由于浅海混响场可看作是多号简正波的叠加[37]，合理地进行相关处理后在延时-频率（τ-ω）平面同样出现干涉结构[38]。②时反是近些年水声研究的热点之一，然而时反聚焦稳定周期较短，限制了其在水声学中的应用[39]。波导不变量方法可用于建立时反聚焦点、频移量和波源深度的关系，将这一关系应用到时反处理中可有效提高时反处理的鲁棒性，延长稳定聚焦周期[40]。③时反同样可应用于水声通信中的信道均衡[41]，用波导不变量方法改善时反聚焦的鲁棒性后，可进一步降低剩余码间干扰[42]。④如同前面所述，波导不变量声源定位也可以从射线波导不变量角度解释参考文献[43]和文献[44]，相关研究在这里不做详细介绍。

4.4　warping 变换与消频散变换

　　简正波频散是波导普遍存在的现象，频散会导致宽带信号展宽、信号强度衰减。消频散或者补偿频散在许多应用中非常重要，譬如 Bhagavatula[45]应用两段具有相反频散特性的光导纤维传递信号，两段光导纤维可将对方引起的频散相互抵消，实现无频散传播。在声学应用中，典型的消频散处理可以采用时反或者相位共轭处理完成。譬如在超声应用领域，Wilcox[46]应用类似傅里叶逆变换方法抵消超声波导中单模信号的频散。浅海波导具有典型的频散特性[26,30]。对于浅海多模信号，文献[47]应用基于频散特性的短时傅里叶变换（dispersion-short time Fourier transform, D-STFT）提取频散曲线。

4.4.1　warping 变换

矢量空间的表示形式由基底定义，满足相似变换的两组基底对应的表示被称为相似等价表示。同理，相似变换联系的两个线性变换也称相似等价变换。对于一般希尔伯特空间，相似变换被替代为酉算子（unitary operator）。Baraniuk[48]将酉变换概念应用于信号处理，命名为酉等价原理（unitary equivalence principle），与量子力学比拟，这里将等价类的处理视作同一类处理。warping 变换属于傅里叶变换的酉变换。考虑一个频散时序列信号：

$$\hat{X}(f) = S(f)\mathrm{e}^{\mathrm{i}2\pi w(f)t_0} \tag{4-22}$$

式中，$w(f)$: $\mathbb{R} \to \mathbb{R}$ 是一个可逆映射函数。对这个信号直接做傅里叶变换：

$$X(t) = \frac{1}{2\pi} \int_{-\infty}^{+\infty} \hat{X}(f)\mathrm{e}^{\mathrm{i}2\pi ft} \mathrm{d}f \tag{4-23}$$

由于 $w(f)$ 是频率 f 的非线性函数，不同的频率群延时 $t_0 \partial w / \partial f$ 不同。这样傅里叶变换的平移不变性质就会丢失，亦即出现频散。做如下信号函数代换：

$$W_w(\hat{X})(f) = \left[\frac{\mathrm{d}w^{-1}}{\mathrm{d}f}(f)\right]^{1/2} \hat{X}(w^{-1}(f)) \tag{4-24}$$

式中，w^{-1}: $\mathbb{R} \to \mathbb{R}$ 表示函数 $w(f')$ 的反函数，结果为

$$
\begin{aligned}
W_w(\hat{X})(f') &= \left[\frac{\mathrm{d}w^{-1}}{\mathrm{d}f}(f')\right]^{1/2} S(w^{-1}(f'))\mathrm{e}^{\mathrm{i}2\pi w \circ w^{-1}(f')t_0} \\
&= \left[\frac{\mathrm{d}w^{-1}}{\mathrm{d}f}(f')\right]^{1/2} S(w^{-1}(f'))\mathrm{e}^{\mathrm{i}2\pi f't_0} \tag{4-25}
\end{aligned}
$$

其中，$\circ$ 为复合函数运算符。

式（4-25）中包含了复合函数运算：$(f \circ g)(x) = f(g(x))$。这样处理后，函数相位因子是关于"新定义"频率 f' 线性函数。重新定义对 f' 的傅里叶变换就可以保证"时间平移不变性"。

warping 变换可以视作一种坐标变换，相当于一种信号重采样处理。其目的就是将相位因子线性化。忽略测度因子，在坐标变换下 $f \to f' = w(f)$，则

$$\hat{X}(f) \to \hat{X}'(f') = S(w^{-1}(f'))\mathrm{e}^{\mathrm{i}2\pi f't_0} \tag{4-26}$$

　　等效地，信号在频率 f' 域就可以看成为一个幅度变形的无频散信号。同样的处理可以应用于时域得到时域 warping 变换[49-50]。下面给出了水声传播问题中几个典型的频散相位因子。

（1）理想刚性海底相位因子。

$$\varphi_m^{id}(f) = \frac{r}{c_w}\sqrt{f^2 - f_m^2}, \quad f > f_m \tag{4-27}$$

$$\varphi_m^{id}(t) = f_m\sqrt{t^2 - \frac{r^2}{c_w^2}}, \quad t > \frac{r}{c_w} \tag{4-28}$$

（2）波导不变量近似相位因子。

$$\varphi_m(f) = \frac{r}{c_m} + \gamma_m \omega^{-\beta} r \tag{4-29}$$

（3）波数差相位因子。

$$\varphi_{mn}(f) \approx \gamma_{nm} \omega^{-\beta} r \tag{4-30}$$

　　对于更一般的基于 WKBZ（Wentzel-Kramers-Brillouin-Zhang，温策尔-克拉默斯-布里渊因-张仁和）近似的 warping 变换讨论可以参阅文献[51]。有关 warping 变换的应用可以参考文献[48]～[54]。

4.4.2　消频散变换

　　时反或相位共轭处理实际上相当于做傅里叶逆变换，然而一般需要引导声源或者对应的波导环境参数。波导不变量概念提供给我们新的启示：浅海波导的简正波频散关系具有先验的幂函数形式，可以利用少数参数刻画。利用这种性质可以简化相位共轭处理对环境的依赖性。文献[23]、[55]～[57]将波导不变量关于简正波频散关系的表达形式近似为

$$k_n(\omega) = \frac{\omega - \gamma_n \omega^{-1/\beta}}{c_0} \tag{4-31}$$

不同的模态间的差异只在于参数 γ_n 不同。

　　4.4.1 节中介绍了 warping 变换，这种变换的本质是设法将相位因子线性化处理。另外一种思路是通过做相位共轭处理抵消频散导致的相位弥散。文献[55]采用这种思路，定义了一种傅里叶逆变换：

$$p(r,z;\gamma',r') \equiv F_{\gamma',r'}[p(r,z;\omega)] = \frac{1}{2\pi}\int_{-\infty}^{+\infty} \mathrm{d}\omega\, p(r,z;\omega)\mathrm{e}^{-\mathrm{i}\frac{\omega+\gamma'\omega^{-1/\beta}}{c_0}r'} \tag{4-32}$$

式（4-32）中包含两个自变量(r',γ')，称该式为消频散变换。将声场表达式（4-3）代入式（4-32）并展开得

$$p(r,z;\gamma',r')$$

$$\approx \frac{1}{\sqrt{r}}\sum_{n=1}\frac{\phi_n(z)\phi_n(z_0)}{\sqrt{k_n(\omega)}}\frac{1}{2\pi}\int_{-\infty}^{+\infty}\mathrm{d}\omega S(\omega)\exp\left[\frac{\mathrm{i}\omega(r-r')+\mathrm{i}\omega^{-1/\beta}(r\gamma_n-r'\gamma')}{c_0}\right] \quad (4\text{-}33)$$

式（4-33）中指数项由两项组成，分别对应平移和频散项，当满足式（4-34）时，对应号简正波频散被全部抵消。

$$r=r',\quad \gamma'r'=\gamma_n r \quad (4\text{-}34)$$

频散被抵消后，接收信号每一号简正波的时域波形和频谱都与声源信号相同。

下面通过几个仿真例来说明浅海波导频散和消频散变换。假设波导环境参数如表 4-1 所示。

表 4-1 波导环境参数

水深/m	水体声速/(m/s)	海底声速/(m/s)	海底密度/(kg/m³)	海底衰减系数
40	1500	1800	1900	0.2dB/λ

注：λ为波长。

利用 KRAKEN 可计算得到各号简正波的水平波数 k_n，进而得到各号简正波相速度频散曲线，如图 4-11（a）所示。同时应用式（4-31）拟合相速度频散曲线，其中 $\beta=1.05$，各号简正波的频散因子 γ_n 如表 4-2 所示，式（4-31）拟合出的相速度频散曲线如图 4-11（b）所示。两种计算的误差如表 4-2 所示。微小的拟合误差说明理想波导条件下式（4-31）可以很好地拟合水平波数 k_n，同时也说明理想波导条件下可以通过式（4-31）很好地统一各号简正波频散曲线。

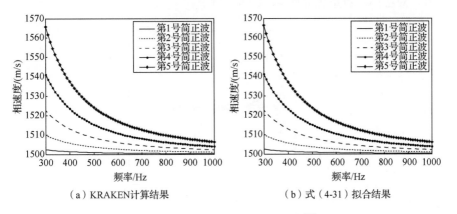

（a）KRAKEN计算结果   （b）式（4-31）拟合结果

图 4-11 前五号简正波频散曲线[23]

表 4-2　频散因子 γ_n 取值及对应的拟合误差

简正波号数	γ_n 取值	拟合误差/(m/s)
1	4060	0.031
2	16320	0.104
3	36990	0.165
4	66350	0.119
5	105100	0.148

假设声源频率范围为 720Hz 至 920Hz，计算得到距离声源 40km 处、不同深度的时域信号，如图 4-12 所示。

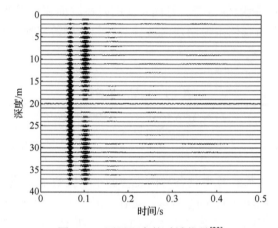

图 4-12　不同深度的时域信号[23]

从图 4-12 中可明显地观察到第 1 号和第 2 号简正波，高号简正波由于激发幅度较小及频散展宽，信号幅度较小。图 4-13（a）为 35m 深度处水听器接收的时域信号，对应的时频谱图如图 4-13（b）所示。

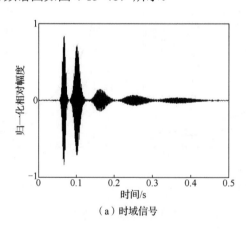

（a）时域信号

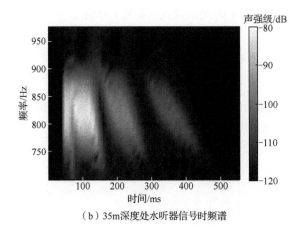

（b）35m 深度处水听器信号时频谱

图 4-13 35m 深度处水听器仿真信号[23]

信号中除了在时间 0.1s（相对传播时间）附近存在第 1 号、第 2 号简正波之外，随后时刻还存在高号简正波，高号简正波的持续时间明显长于低号简正波。高号简正波持续时间变长是频散效应导致的高频部分和低频部分到达时间不同所致。

对图 4-13 中的频散信号进行消频散变换处理，$\beta=1.05, c_0=1500\text{m/s}$，可得到关于传播距离参数 r' 和频散参数 γ' 的二维平面，如图 4-14 所示。

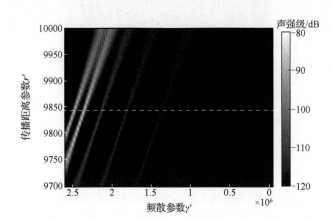

图 4-14 仿真信号（图 4-13）的消频散变换二维平面图[23]

图 4-14 中二维平面上有五束亮线，对应五号简正波，其中当传播距离参数 r'=9845m 时（图 4-14 中虚线所示），各号简正波的幅度均是最大值，频散被消除，

此时 γ' 轴与信号持续时间 t 的关系如式（4-35）所示。

$$t = \frac{r'}{c_g} = r' \cdot \left[\frac{1}{c_0} + (1/\beta) \frac{\gamma' \omega_0^{-1/\beta - 1}}{c_0} \right] \qquad (4\text{-}35)$$

应用式（4-35）进行坐标线性代换，可得到消频散变换后信号的时域波形，如图 4-15 所示，可以看出频散现象基本被消除。

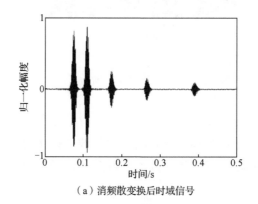

（a）消频散变换后时域信号

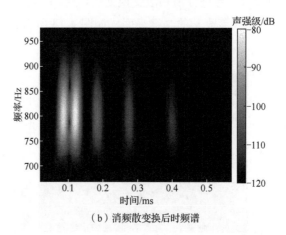

（b）消频散变换后时频谱

图 4-15　35m 深水听器信号消频散变换后结果[23]

将消频散变换应用到不同深度水听器信号（图 4-12），得到不同深度信号消频散变换后结果，如图 4-16 所示。经消频散变换后，各号简正波（尤其是高号）的幅度被增强，图 4-16 中可清楚地从左到右依次观察到第 1 号至第 5 号简正波。

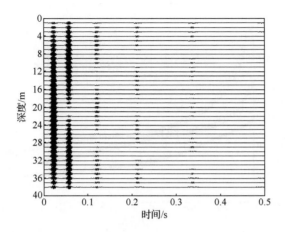

图 4-16　不同深度信号消频散变换后结果[23]

考虑夏季黄海某海域海试实测数据，试验海区为典型负温跃层水体环境，声速剖面如图 4-17 所示。

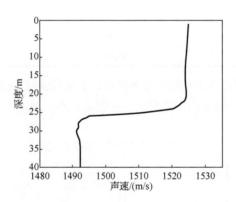

图 4-17　黄海某海域海试实测声速剖面[23]

类似于匹克利斯波导，首先检验式（4-31）拟合简正波频散曲线的效果。200Hz～1kHz 频率范围内的第 2 号至第 4 号简正波相速度的实际频散曲线 KRAKEN 计算结果与式（4-31）的拟合结果如图 4-18 所示。各号简正波的频散因子 γ_n 和拟合误差如表 4-3 所示，拟合误差大于匹克利斯波导（表 4-2）。在均匀海洋环境条件下，应用式（4-31）在宽频率范围内拟合频散曲线误差较大。

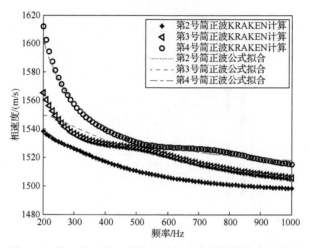

图 4-18　第 2 号至第 4 号简正波相速度频散曲线宽带结果

表 4-3　负温跃层水体环境频散因子γ_n取值及对应的宽带拟合误差

简正波号数	γ_n取值	拟合误差/(m/s)
1	3410	0.57
2	12730	0.446
3	30010	1.966
4	50010	1.865

　　当频率范围限制在 720～920Hz 范围内时，应用式（4-31）拟合各号简正波频散曲线的情况，其结果如图 4-19 和表 4-4 所示，$\beta=1.25$。

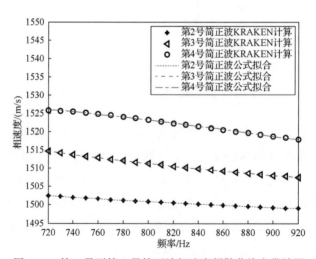

图 4-19　第 2 号至第 4 号简正波相速度频散曲线窄带结果

表 4-4　频散因子 γ_n 取值及对应的窄带拟合误差[23]

简正波号数	γ_n 取值	拟合误差/(m/s)
1	15910	0.024
2	34010	0.073
3	56190	0.155

从图 4-19 和表 4-4 可知，在 720～920Hz 范围内，应用式（4-31）可以较好地拟合各号简正波的频散曲线，这说明消频散变换可以较好地消频散效应。相对于低号简正波，高号简正波拟合误差较大，说明高号简正波消频散效果较差。图 4-20 为声源位于 27m 深度处、频率范围 720～920Hz，仿真计算得到距离声源 40km、不同深度处的时域信号。

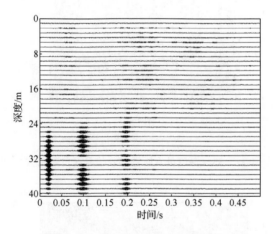

图 4-20　不同深度的时域信号[23]

从图 4-20 中可明显地观察到前三号简正波，高号简正波由于激发幅度较小及频散的原因不能直接观察到。35m 深度处的水听器接收的时域信号如图 4-21（a）所示，对应时频分析结果图如图 4-21（b）所示。

由图 4-21（b）可以看出，高号简正波由于频散的原因持续时间变长，时频图上表现为亮线倾斜。对以上频散信号进行消频散变换，得到关于传播距离参数 r' 和频散参数 γ' 的二维平面如图 4-22 所示。

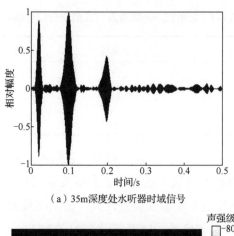

（a）35m深度处水听器时域信号

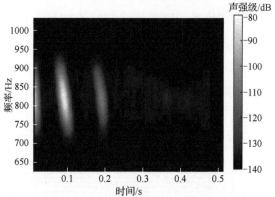

（b）35m深度处水听器信号时频谱

图 4-21　35m 深度处水听器接收信号（黄海海试）[23]

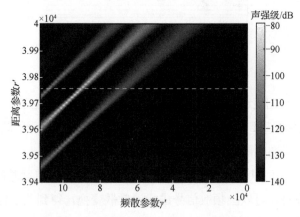

图 4-22　黄海海试接收信号（图 4-21）消频散变换二维平面图[23]

图 4-22 中，二维平面上有三束亮线，对应三号简正波，其中当传播距离参数

r'=39760m 时（图 4-22 中虚线所示），显然三条曲线在 (r', γ') 平面中 r 位置并未全部聚焦。为了解决这一问题，只要用式（4-36）替换式（4-31）即可：

$$k_n(\omega) = \frac{\omega}{c_n} - \gamma_n \omega^{-1/\beta} \qquad (4\text{-}36)$$

相较式（4-31），这里引入了一个新的参数 c_n，用于刻画不同号简正波的线性延时项。当满足条件

$$r/c_n = r'/c_0 \text{ 且 } \gamma_n = \gamma' \qquad (4\text{-}37)$$

时，对应的第 n 号简正波频散被消除。

这里无须 n 次消频散变换，仅需计算一次消频散变换，在平面上寻找每一号简正波对应的 γ_n' 即可消除各号简正波的频散效应，如图 4-23 所示。

将修正后消频散变换应用到不同深度水听器接收信号，得到不同深度水听器接收信号的消频散变换结果，如图 4-24 和图 4-25 所示。图 4-24 的消频散效果改善了图 4-21 的结果。

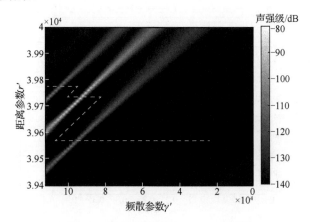

图 4-23　消频散变换(r', γ')平面图[23]

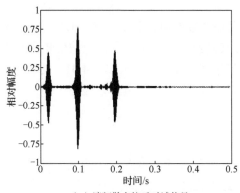

（a）消频散变换后时域信号

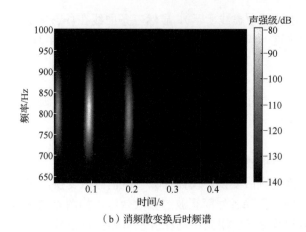

（b）消频散变换后时频谱

图 4-24　修正后消频散算法仿真处理结果[23]

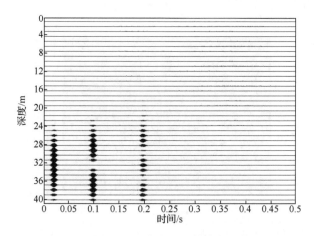

图 4-25　不同深度信号经修正后消频散变换处理结果[23]

图 4-26 给出了崂山海试数据消频散变换前后时域信号的比较，可以明显看出消频散变换的效果，尤其是第 1 号和第 2 号简正波信噪比明显提高。

这里需要注明：文献[17]也给出了类似式（4-31）的表示，直接由相慢度和群慢度的定义出发，导出关于相慢度的常微分方程为

$$\beta \equiv -\frac{\mathrm{d}s_{\mathrm{p}}}{\mathrm{d}s_{\mathrm{g}}} \tag{4-38}$$

最后将式（4-38）代入群慢度和相慢度的表达式就可以得到与式（4-31）相似的公式。文献[23]的推导更加直接，因为简正波的高频频散非常小，所以，假设模间频散满足 Grachev[16] 提出的关系式，其唯一可能的波数形式就是式（4-31）。

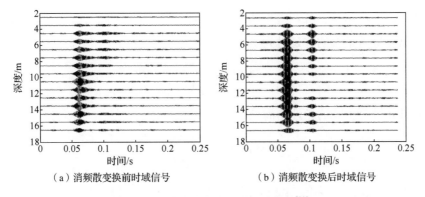

（a）消频散变换前时域信号　　　　　　　　（b）消频散变换后时域信号

图 4-26　消频散变换前后时域信号[23]

　　warping 变换与消频散变换方法都具有消频散的功能，后者出发点是相位补偿，而前者出发点是通过坐标变换将曲线拉直。关键是如何利用一个尽可能统一的变换，将所有模态的频散补偿或消除。这种变换要求相位因子可以严格分为与模态号数有关和与模态号数无关的两部分，而且要求这两部分的函数形式不变。当满足以上条件时，warping 变换是一个好的选择。然而一般这种条件不满足，后者适用范围更广，可以对更加复杂的相位函数进行补偿处理。消频散变换本质上是相位共轭处理，其差异在于消频散变换实际上是将简正波频散参数化而不需要类似引导声源等概念。与 warping 变换相比，基于消频散变换的应用相对较少，而且主要局限于频域变换。文献[56]讨论了消频散变换的各种可能应用。两类处理都属于一般意义的时频分析问题，后者属于文献[58]中引入的一大类线性调频小波变换的一个具体应用。当然，构成真正意义的"β-线性调频小波变换"需要引入加博（Gabor）变换、短时傅里叶变换等时频分析方法。

　　相较时频分析、线性调频小波变换广泛的研究与应用，水声学领域多数局限于直观启发式处理方法，缺乏细致、深入的处理方法研究，尚有很大的发掘空间。

4.5　阵　不　变

　　波导不变量利用了浅海波导的简正波模态间的频散与频率呈幂函数关系这一特性，简正波频散的另外一个基本特性为

$$v_{pn}(f)v_{gn}(f) \approx \tilde{c}^2 \tag{4-39}$$

式中，$\tilde{c}$ 为水体的平均声速值。式（4-39）在理想波导中严格成立，即使对于实际水平不变海洋环境也是一个很好的近似[30]。

　　考虑宽带远场点声源信号，假设不同号简正波可以分离，不同号简正波的垂

向俯仰角可以利用垂直阵列数据的波束形成得到。由于不同号简正波的群延时不一样，第 n 号简正波的群延时为

$$t_n(f) = \frac{r}{v_{gn}(f)} \qquad (4\text{-}40)$$

对应的第 n 号简正波的俯仰角满足

$$\sin \varphi_n(f) \approx \frac{\tilde{c}}{v_{pn}(f)} \qquad (4\text{-}41)$$

联立式（4-39）～式（4-40）得

$$t_n(f)\sin \varphi_n(f) \approx \frac{r}{\tilde{c}} \equiv \gamma, \quad t_n(f) \approx \frac{r}{\tilde{c}} \frac{1}{\sin \varphi_n(f)} \qquad (4\text{-}42)$$

式（4-42）中第一个公式定义的 γ 与简正波号数、频率近似无关，而且由数据的群延时 t_n 和波束的俯仰角 φ_n 可以直接测量，故称为阵不变量。阵不变量概念由文献[59]引入。与波导不变量不同，阵不变量定义于 $t\text{-}\varphi$ 平面。

波导不变量和阵不变量都应用了波导简正波频散特性，前者应用了模间频散的幂函数性质，而后者应用了单号简正波的群速度与相速度近似关系。式（4-39）只是近似公式，对于一般声速剖面有

$$\frac{1}{v_{pn}(f)v_{gn}(f)} = \int \mathrm{d}z \frac{\varphi_n(z)^2}{\rho(z)c(z)^2} \qquad (4\text{-}43)$$

图 4-27 给出了理想波导环境下群速度、相速度和两者的几何平均速度，由图可以看出相速度和群速度的乘积 $v_{pn}(f)v_{gn}(f)=c^2$，c 为水体声速。

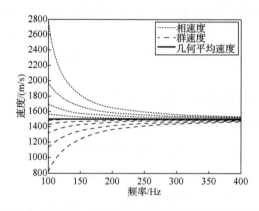

图 4-27　群速度、相速度及几何平均速度频率曲线[23]

式（4-39）一般只是在远离截止频率、艾里震相的频段近似成立，与式（4-31）成立的频段基本一致。实际上，由式（4-31）可得

$$s_{pn}(\omega) = \frac{1 + \gamma_n \omega^{-1/\beta - 1}}{c_0}, \quad s_{gn}(\omega) = \frac{1 - \gamma_n / \beta \omega^{-1/\beta - 1}}{c_0} \tag{4-44}$$

$$\frac{1}{v_{pn}(\omega) v_{gn}(\omega)} \approx \frac{1}{c_0^2} \left[1 + \left(1 - \frac{1}{\beta} \right) \omega^{-1/\beta - 1} + \cdots \right] \tag{4-45}$$

由此可见，当 $\beta \approx 1.0$ 时，随着频率的增高，式（4-39）的近似精度提高。实际上，当应用式（4-38）时，波导不变量的形式也会得到简化：

$$\beta_{mn} = -\frac{\dfrac{1}{v_{pm}} - \dfrac{1}{v_{pn}}}{\dfrac{1}{v_{gm}} - \dfrac{1}{v_{gn}}} \approx -\frac{\dfrac{1}{v_{pm}} - \dfrac{1}{v_{pn}}}{\dfrac{v_{pm}}{\tilde{c}^2} - \dfrac{v_{pn}}{\tilde{c}^2}} \approx \frac{\tilde{c}^2}{v_{pm} v_{pn}} \tag{4-46}$$

以上从式（4-39）出发解释了阵不变量概念。文献[60]～[63]从式（4-38）出发解释了波导不变量与阵不变量的关系。所有解释的共性在于将式（4-38）中的全微分推广为一般意义的差分，譬如文献[62]将这一推广称为广义阵不变量。

这里需要强调的是，利用阵不变量估计目标距离不需要任何环境信息。有关阵不变量的应用可以参考文献[60]～[64]。

4.6　波导不变量的一般性质

波导不变量概念可以应用于水声工程中的很多问题，随着水声研究人员对其关注度的提高，人们开始讨论波导不变量的应用限制。从应用角度，波导不变量应用的前提是：

（1）存在一定信噪比的声场干涉条纹结构。

（2）可以确切地进行条纹斜率估计。

当干涉条纹结构不复存在时，显然波导不变量将失去意义。如果从实验数据估计得到的斜率分布具有多峰结构、峰值随时间变化，则波导不变量概念应用必须要首先明确这些多峰或者 β 分布时变的起源。在一般水文条件下，这个问题涉及波导不变量与简正波号数、频率、环境模型/参数的关系。

浅海水体声速剖面随海域及时间变化差异很大，对于复杂的声速剖面（如个别海域会出现逆温跃层和多级温跃层现象)，建立声速剖面和波导不变量 β 的关系是非常困难的事情。不同的温跃层分布会导致低号简正波的不同的反转点结构，

并且与所讨论的频率范围有关。对于复杂温跃层或者分层海底结构，波导不变量一般是环境模型的复杂泛函数关系。

　　假设仿真用波导环境参数如图 4-28 所示，声速剖面使用的是 2005 年 9 月的一次黄海海试中测量的真实数据。利用 KRAKEN 计算得到 220～1000Hz 各号简正波的群速度和相速度，并由式（4-6）求得 β_{mn}。利用 KRAKEN 计算得到的前四号简正波的相速度和群速度频散曲线如图 4-29 所示，简正波群速度和相速度随频率变化特性明显有别于等声速剖面情形。第 4 号简正波在中心频率 600Hz、带宽 200Hz 范围内，第 3 号简正波在中心频率 400Hz、带宽 200Hz 范围内，群速度随频率变化显著。图 4-30 给出了第 4 号简正波垂直模态函数随频率的变化，当频率小于 500Hz 时，第 4 号简正波的能量分布贯穿整个水体深度，而在 500～700Hz 频段内，第 4 号简正波的主要能量分布在温跃层以下。

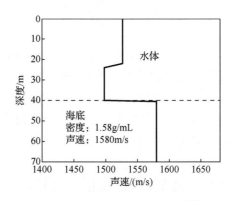

图 4-28　仿真用波导环境参数[23]

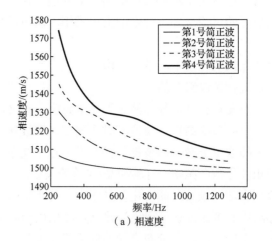

（a）相速度

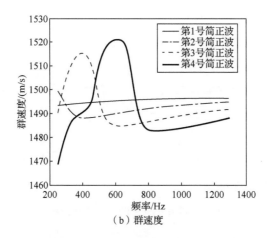

（b）群速度

图 4-29　KRAKEN 计算的前四号简正波频散曲线[23]

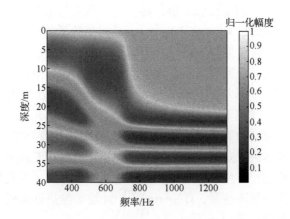

图 4-30　第 4 号简正波垂直模态函数随频率的变化[23]

将群速度和相速度计算结果代入式（4-6），可得到第 1 号至第 4 号简正波中任意两号简正波求得的波导不变量 $\beta_{mn}=\beta_{12},\beta_{23},\beta_{34}$ 随频率的变化曲线，如图 4-31 所示。图 4-31 中 P-WKB-T 表示利用海底反射相移参数和 WKB 近似修正的波导不变量计算方法[23]。可以看出，在远离简正波截止频率时，经修正后波导不变量的计算结果随频率变化不大。

文献[27]应用射线-简正波方法解释了 β_{mn} 数值符号变化与简正波射线反转现象之间的关系，这主要是对应的频段内不同号简正波群速度差的变化所导致的。特别是在一些个别频点会出现不同号简正波的群速度差等于零的"奇异"点，这些频点前后对应的 β_{mn} 数值会发生符号反转，当两号简正波群速度恰好相等时，β_{mn} 发散，趋于无穷大。

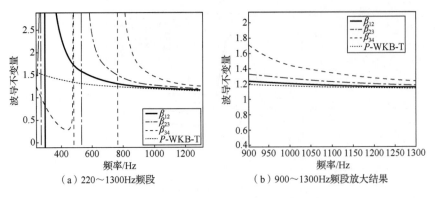

（a）220~1300Hz频段　　　　　　（b）900~1300Hz频段放大结果

图 4-31　波导不变量随频率变化曲线[23]

这里对波导不变量的奇异现象做一下物理解释。求解频散曲线问题在数学物理方程应用中属于典型的本征值求解问题。在一般埃尔米特算子的本征值问题中存在一类现象——回避交叉（avoided-crossing）。当算子如一维薛定谔算子的势函数随参数变化时，本征值同样也随这些参数变化。在一定的参数变化区间，不同的本征值随参数变化曲线回避交叉。这种现象在水声波导中常常出现，是 β 数值出现奇异性的起源。如图 4-29（a）所示部分，在频率接近 500Hz 处，第 3 号与第 4 号简正波频散曲线趋于"交叉"，却"反弹"离开。其结果使得不同号简正波的群速度在个别频点会相等 [参考式（4-6）]，结果 β 数值会发散。

以上讨论的基本假设是所考虑的波导水平不变。最初 Chuprov 等[14]实际上就意识到：对于缓变水声环境，波导不变量概念将依然成立，且可以采用绝热近似和 WKB 近似估计波导不变量。D'Spain 等[17]讨论了绝热近似成立条件下的波导不变量与环境参数的关系：

$$\beta_{mn}(\omega,r) = -\left[\frac{1}{r}\int_0^r \frac{\partial \Delta k_{mn}(\omega,r')}{\partial \omega}\mathrm{d}r'\right]^{-1}\left[\frac{\Delta k_{mn}(\omega,r=0)}{\omega}\right] \qquad (4\text{-}47)$$

声场起伏是水声物理的一个重要研究方向。实际海洋环境存在不同尺度的海洋动力学过程，从分钟量级的内波到月季变化的中尺度涡、锋面等。这些动力过程都会直接影响到声传播和声场干涉结构，导致声场干涉结构随时间、空间起伏变化。电磁或光波在大气或湍流介质中传播存在同样的问题，但是电磁波传播时间较介质起伏时间尺度一般要快几个数量级，因此一般只需要考虑空间起伏特性。而声波在水中传播时间与许多海洋动力学过程时间尺度相近（如内波），声场的时间起伏问题在水声应用中不可忽略。文献[31]指出：实际声场干涉结构通常受各种因素影响，直接由干涉图像提取条纹斜率非常困难。鉴于这个原因，文献[32]提出了 β 分布概念，并利用数值计算仿真，讨论了存在随机内波和类似孤子内波波包链条件下的波导不变量提取问题。在仿真条件下，随机内波的存在不会完全破坏波导不变量概念，但由于简正波耦合会出现多峰结构。而对于移动孤子内波波包链环境，干涉结构随时间演化会导致 β 分布随时间起伏变化。β 分布主要由以下两个因素决定。

（1）不同群简正波干涉对应的 β 数值有所差异，这种差异的组合形成了一定的数值分布。

（2）对于一般水平变化波导，简正波耦合会导致附加的相位结构，这些附加的相位结构同样对 β 分布有明显的贡献。

文献[65]利用简正波耦合理论详细解释了孤子内波波包导致强简正波耦合条件下的 β 分布。当存在一般简正波耦合时，声强一般表示形式可以写为

$$I = \sum_{m,s} \sum_{n>m,q} B_{msnq} \cos \Phi_{msnq} \tag{4-48}$$

$$\Phi_{msnq} = k_{mn}(r-r_2) + k_{sq}r_1 + \theta_{msnq} \tag{4-49}$$

式中，B_{msnq} 由孤子内波耦合矩阵、声源简正波激发强度等量决定；$[r_1,r_2]$ 表示内波所处水平位置区间；θ_{msnq} 表示内波耦合矩阵的相位贡献。简正波耦合会导致不同号简正波耦合，并由于简正波相互转换导致相位项变化。考虑任意两号简正波干涉，这里假设为第 m 号和第 n 号简正波，由于内波的存在，声场干涉来源于四种类型的耦合过程（图 4-32）。

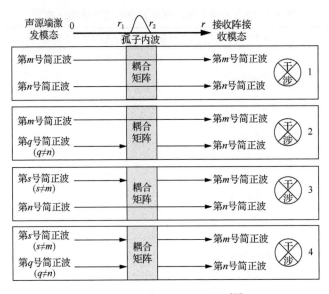

图 4-32　简正波耦合示意图[65]

第一类对应 $s=m, q=n$ 的绝热项，其他三类存在明显的模间耦合。文献[65]给出了一个任意组合（m,s,n,q）干涉项的 β 数值计算公式：

$$\beta_{msnq} = -r \frac{k_{mn}/\omega}{\dfrac{\partial k_{mn}}{\partial \omega}(r-r_0) + \dfrac{\partial k_{sq}}{\partial \omega}r_0} \quad (4\text{-}50)$$

式中，$r_0 = r_1 + \dfrac{1}{2}r_2$。图 4-33 给出了一个 β 分布的计算例，由于简正波耦合出现多峰分裂，表 4-5 给出利用式（4-50）估计的 β 数值。

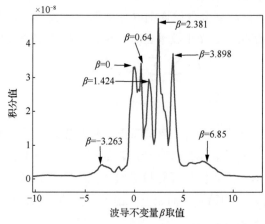

图 4-33 β 分布多峰结构[65]

表 4-5   式（4-50）估计值与 β 分布估计结构比较[65]

提取的 β 谱值	声强成分	各成分对应 β 值［式（4-50）］	声强幅度 B
0.64	$B\cos\Phi_{1123}$	0.69	0.6225
	$B\cos\Phi_{1224}$	0.58	0.11
	$B\cos\Phi_{2134}$	0.70	0.15
1.424	$B\cos\Phi_{1122}$	1.47	0.91
	$B\cos\Phi_{1133}$	1.52	0.21
	$B\cos\Phi_{2233}$	1.55	0.19
2.381	$B\cos\Phi_{1132}$	2.7	0.88
	$B\cos\Phi_{2232}$	2.1	0.64
	$B\cos\Phi_{1143}$	2.4	0.31
	$B\cos\Phi_{2243}$	2.81	0.275
	$B\cos\Phi_{2143}$	2.07	0.22
3.898	$B\cos\Phi_{2142}$	3.52	0.28
	$B\cos\Phi_{1142}$	3.77	0.39

文献[65]同时讨论了幅度、波形及位置等内波参数对 β 分布的影响。计算结果表明：不同参数对 β 分布有一定的影响，但是对于 β 峰值的影响主要取决于内波中心位置 r_0，这一特性可以用于估计内波的空间位置。当在孤子内波基础上叠加随机内波背景后，随着随机内波幅度的增大，β 分布中的尖峰开始逐步被平滑，如图 4-34 所示。

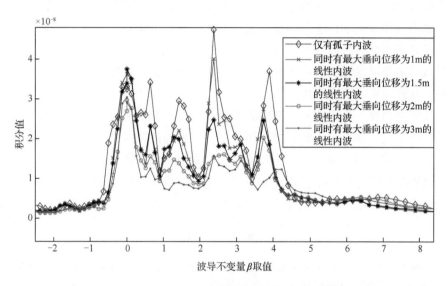

图 4-34 存在孤子和随机内波时的 β 分布[65]

由于随机内波贯穿整个空间，大幅度的随机内波会引入大量随机空间位置的简正波耦合，形成大量随机尖峰，其最终叠加的结果使得 β 分布趋于平滑。

第 3 章反复强调海洋声波导是一种随机介质波导。即使简正波绝热近似成立，由于随机内波和海底地声参数、海底界面及海面起伏不确定性同样会引入等效本征波数的时空随机变化，这种变化会产生相位累积。由波导不变量推导式（4-4）和式（4-5）可见，频率微分项与整个传播路径的相位累积有关，这种相位的累积会改变频散关系。因此，简单地利用确定性信道的波导不变量概念来解决水声问题会产生误差或者错误，本章讨论了内波环境下的波导不变量概念的修正。另外一个问题涉及本节开头所说的干涉条纹存在条件。除了信噪比因素外，不同模态的相位累积存在随机相位差，当随机相位累积大于某两号简正波的干涉跨度时，无法观测到有效的 r-ω 干涉条纹。即使绝热条件近似成立，随机内波导致的随机相位累积会破坏干涉条纹，因此波导不变量概念在实际应用中有距离限制。

4.7　小　　结

波导不变量利用了浅海波导频散规律，这种规律的函数形式具有一定的普适意义，对环境模型或参数的依赖性较弱。从这个角度来看，基于波导不变量概念水声信号处理方法属于环境自适应处理方法的一类。波导不变量能否应用于解决实际水声问题取决于：①干涉条纹是否存在以及相位累积的频率关系能否保留；②简正波耦合会导致波导不变量 β 分布的多峰出现，简正波耦合多峰现象与多目标导致的多峰现象无法简单区分。这些问题涉及一定的应用基础问题，需要一定量的、细致的实验研究工作。

从应用角度，基于波导不变量的测距方法与 β 值的估计精度关系密切，而 β 值的精度又与环境、简正波号数和频段有关。引导声源或机会声源的应用在理论上可以回避直接提取 β 数值这个技术环节，是值得关注的应用方向之一。线谱干涉数据测距在应用中非常重要，然而单站位线谱测距本质上存在多解问题[66-67]，公开发表的相关研究为数不多。有关线谱测距估计的多解问题可以参考经典文献[68]。

参 考 文 献

[1]　Wood A B. Model experiments on sound propagation in shallow seas[J]. The Journal of the Acoustical Society of America, 1959, 31(9): 1213-1235.

[2]　Weston D E. A more fringe analog of sound propagation in shallow water[J]. The Journal of the Acoustical Society of America, 1960, 32(6): 647-654.

[3]　Weston D E. Rays, modes, interference and the effect of shear flow in underwater acoustics[J]. Journal of Sound and Vibration, 1969, 9(1): 80-89.

[4]　Weston D E. Sound focusing and beaming in the interference fields due to several shallow-water modes[J]. The Journal of the Acoustical Society of America, 1968, 44(6): 1706-1712.

[5]　Weston D E. Experiments on time-frequency interference patterns in shallow-water acoustic transmission[J]. Journal of Sound and Vibration, 1969, 10(3): 424-429.

[6]　Weston D E. Interference of wide-band sound in shallow water[J]. Journal of Sound and Vibration, 1972, 21(1): 57-58.

[7]　Deferrari H A. Time-varying multipath interference of broad-band signals over a 7-NM range in the Florida Straits[J]. The Journal of the Acoustical Society of America, 1973, 53(1): 162-180.

[8]　Bachman R T, Kay G T. Broadband interference patterns in shallow water[J]. The Journal of the Acoustical Society of America, 1983, 74(2): 576-580.

[9]　Vianna M L, Soares-filho W. Broadband noise propagation in a Pekeris waveguide[J]. The Journal of the Acoustical Society of America, 1986, 79(1): 76-83.

[10]　Ivanova G K. Space-frequency dependence of a sound field in layered media[J]. Physical Acoustics, 1984, 30(2): 293-296.

[11]　Orlov E F, Fokin V N. Parameters of interference modulation of wideband sound in the deep ocean[J]. Physical Acoustics, 1988, 34(4): 520-523.

[12]　Lazarev V A, Orlov E F. Frequency dependence of the parameters of interference modulation of wideband sound in a shallow sea[J]. Physical Acoustics, 1989, 35(3): 395-397.

[13]　Golubev V N, Petukhov Y V, Sharonov G A. Interference structure of the bottom reverberation of wideband sound in the deep ocean[J]. Physical Acoustics, 1987, 33(2): 262-265.

[14]　Chuprov S D, Mal'Tsev N E. An invariant of the spatial-frequency interference pattern of the acoustic field in a layered ocean[J] Doklady Akademii Nauk SSSR (Proceeding of the Russian Academy of Sciences), 1981, 257(2): 475-479.

[15]　Brekhovskikh L M, Andreeva B. Ocean acoustics: current state[M]. Moscow: Nauka, 1982.

[16]　Grachev G A. Theory of acoustic field invariants in layered waveguides[J]. Physical Acoustics, 1993, 39(1): 33-35.

[17]　D'Spain G L, Kuperman W A. Application of waveguide invariants to analysis of spectrograms from shallow water environments that vary in range and azimuth[J]. The Journal of the Acoustical Society of America, 1999, 106(5): 2454-2468.

[18]　Kuperman W A, D'Spain G L. Ocean acoustic interference phenomena and signal processing[C]. Ocean Acoustic Interference Phenomena & Signal Processing, New York, 2002.

[19]　Zhang R H, Su X X, Li F H. Improvement of low-frequency acoustic spatial correlation by frequency-shift compensation[J]. Chinese Physics Letters, 2006, 23(7): 1838-1841.

[20]　苏晓星, 张仁和, 李风华. 利用波导不变性提高声场的水平纵向相关特性[J]. 声学学报, 2006, 31(4): 305-309.

[21]　Zhao Z D, Wang N, Gao D Z, et al. Broadband source ranging in shallow-water using the X-interference spectrum[J]. Chinese Physics Letter, 2010, 27(6): 064301.

[22]　赵振东. 浅海声场干涉结构与宽带声源测距研究[D]. 青岛: 中国海洋大学, 2010.

[23]　高大治. 浅海声场波导不变量及应用研究[D]. 青岛: 中国海洋大学, 2014.

[24]　Shang E C, Wu J R, Zhao Z D. Relating waveguide invariant and bottom reflection phase-shift parameter P in a Pekeris waveguide[J]. The Journal of the Acoustical Society of America, 2012, 131(5): 3691-3697.

[25]　尚尔昌. 水声学中地声反演的新进展[J]. 应用声学, 2019, 38(4): 468-476.

[26]　汪德昭, 尚尔昌. 水声学[M]. 2 版. 北京: 科学出版社, 2013.

[27]　Ge H L, Zhao H F, Gong X Y, et al. Bottom reflection phase shift parameter inversion from reverberation and propagation data[C]. Theoretical and Computational Acoustics 2003—The Sixth International Conference(ICTCA), 2003.

[28]　Zhao Z D, Wu J R, Shang E C. How the thermocline affects the value of the waveguide invariant in a shallow-water waveguide[J]. The Journal of the Acoustical Society of America, 2015, 138(1): 223-231.

[29]　Harrison C H. The relation between the waveguide invariant, multipath impulse response, and ray cycles[J]. The Journal of the Acoustical Society of America, 2011, 129(5): 2863-2877.

[30]　Brekhovskikh L M, Lysanov Y P. Fundamentals of ocean acoustics[M]. New York: Springer, 1991.

[31]　Cockrell K L, Schmidt H. Robust passive range estimation using the waveguide invariant[J]. The Journal of the Acoustical Society of America, 2010, 127(5): 2780-2789.

[32]　Rouseff D. Effect of shallow water internal waves on ocean acoustic striation patterns[J]. Waves Random Media, 2001, 11(4): 377-393.

[33] Thode A M. Source ranging with minimal environmental information using a virtual receiver and waveguide invariant[J]. The Journal of the Acoustical Society of America, 2000, 108(4): 1582-1594.

[34] Tao H L, Krolik J L. Waveguide invariant focusing for broadband beamforming in an oceanic waveguide[J]. The Journal of the Acoustical Society of America, 2008, 123(3): 1338-1346.

[35] Puchenkina S V, Salin B M. Investigation of the properties of the bottom in shallow-water regions according to the dispersion curves of low-frequency sound waves[J]. Physical Acoustics, 1987, 33(3): 319-321.

[36] Borodina E L, Petukhov V Y. Restoration of the bottom characteristics by the interference structure of the wide-band sound[J]. Acoustics Letters, 1996, 19(8): 159-162.

[37] Goldhahn R, Hickman G, Krolik J. Waveguide invariant broadband target detection and reverberation estimation[J]. The Journal of the Acoustical Society of America, 2008, 124(5): 2841-2851.

[38] 李风华, 张燕君, 张仁和, 等. 浅海混响时间-频率干涉特性研究[J]. 中国科学: 物理学 力学 天文学, 2010, 40(7): 838-841.

[39] Song H C, Kuperman W A, Hodgkiss W S. A time-reversal mirror with variable range focusing[J]. The Journal of the Acoustical Society of America, 1998, 103(6): 3234-3240.

[40] Kim S, Kuperman W A. Robust time reversal focusing in the ocean[J]. The Journal of the Acoustical Society of America, 2003. 114 (1): 145-457.

[41] Edelmann G, Song H C, Kim S, et al. Underwater acoustic communication using time reversal[J]. IEEE Journal of Oceanic Engineering, 2005, 30(4): 852-864.

[42] Rouseff D. Intersymbol interference in underwater acoustic communications using time-reversal signal processing[J]. The Journal of the Acoustical Society of America, 2005, 117 (2): 780-788.

[43] 余赟, 惠俊英, 殷敬伟, 等. 基于波导不变量的目标运动参数估计及被动测距[J]. 声学学报, 2011, 36(3): 258-264.

[44] Li Q H. A new method of passive ranging for underwater target: distance information extraction based on waveguide invariant[J]. Chinese Journal of Acoustics, 2015, 34(2): 97-106.

[45] Bhagavatula V A. Segmented core single-mode fibres with low loss and low dispersion[J]. Electron Letter, 1983, 19(9): 317-318.

[46] Wilcox P D. A rapid signal processing technique to remove the effect of dispersion from guided wave signals[J]. IEEE Transactions on Ultrasonics, Ferroelectrics and Frequency Control, 2003, 50(4): 419-427.

[47] Wage K E, Baggeroer A B, Preisig J C. Modal analysis of broadband acoustic receptions at 3515-km range in the North Pacific using short-time Fourier techniques[J]. The Journal of the Acoustical Society of America, 2003, 113(2): 801-817.

[48] Baraniuk R, Jones D. Unitary equivalence: a new twist on signal processing[J]. IEEE Transaction on Signal Processing, 1995, 43(10): 2269-2282.

[49] Touzé G L, Nicolas B, Mars J, et al. Matched representations and filters for guided waves[J]. IEEE Transaction on Signal Processing, 2009, 57(5): 1783-1795.

[50] Bonnel J, Touzé G L, Nicolas B, et al. Physics-based time-frequency representations for underwater acoustics[J]. IEEE Signal Processing Magazine, 2013, 30(6): 120-129.

[51] Niu H Q, Zhang R H, Li Z L. Theoretical analysis of warping operators for non-ideal shallow water waveguides[J]. The Journal of the Acoustical Society of America, 2014, 136(1): 53-65.

[52] Niu H Q, Zhang R H, Li Z L, et al. Bubble pulse cancelation in the time-frequency domain using warping operators[J]. Chinese Physics Letter, 2013, 30(8): 084301.

[53]　Niu H Q, Zhang R H, Li Z L. A modified warping operator based on BDRM theory in homogeneous shallow water[J]. Science China(Physics, Mechanics & Astronomy), 2014, 57(3): 424-432.

[54]　Qi Y B, Zhou S H, Zhang R H, et al. A waveguide-invariant-based warping operator and its application to passive source range estimation[J]. Journal of Computational Acoustics, 2015, 23(1): 1550003.

[55]　Wang N. Dispersionless transform and potential applications in ocean acoustics[C]. The 9th Western Pacific Acoustics Conference, 2009.

[56]　王宁, 高大治, 王好忠. 频散、声场干涉结构、波导不变量与消频散变换[J]. 哈尔滨工程大学学报, 2010, 31(7): 825-831.

[57]　Gao D Z, Wang N, Wang H Z. A dedispersion transform for sound propagation in shallow water waveguide[J]. Journal of Computional Acoustics, 2010, 18(3): 245-257.

[58]　Mann S, Haykin S. The chirplet transform: physical considerations[J]. IEEE Transactions on Signal Processing, 1995, 43(11): 2745-2761.

[59]　Lee S, Makris N C. The array invariant[J]. The Journal of the Acoustical Society of America, 2006, 119(1): 336-351.

[60]　Song H C, Cho C. Array invariant-based source localization in shallow water using a sparse vertical array[J]. The Journal of the Acoustical Society of America, 2017, 141 (1): 183-188.

[61]　Cho C, Song H C, Hodgkiss W S. Robust source-range estimation using the array/waveguide invariant and a vertical array[J]. The Journal of the Acoustical Society of America, 2016, 139(1): 63-69.

[62]　Song H C, Cho C G. The relation between the waveguide invariant and array invariant[J]. The Journal of the Acoustical Society of America, 2015, 138(2): 899-903.

[63]　尚启春. 浅海波导中宽带声源被动测距研究[D]. 青岛: 中国海洋大学, 2011.

[64]　张爽, 尚启春, 张寅权, 等. 宽带声源测距的阵不变量方法研究[J]. 声学技术, 2012, 31(4): 420-423.

[65]　Song W H, Wang N, Gao D Z, et al. The influence of mode coupling on waveguide invariant[J]. The Journal of the Acoustical Society of America, 2017, 142(4): 1848-1857.

[66]　翟林, 高大治, 王好忠, 等. 基于波导不变量的双线谱测距多值性机理研究[J]. 声学技术, 2016, 35(6): 150-153.

[67]　高大治, 翟林, 王好忠, 等. 利用声强线谱起伏实现目标被动测距[J]. 声学学报, 2017, 42(6): 669-676.

[68]　Shang E C, Clay C S, Wang Y Y. Passive harmonic source ranging in waveguide by using mode filter[J]. The Journal of the Acoustical Society of America, 1985, 78(1): 172-175.

第5章 数据驱动水声信号处理

局部声场或声信号可表示为简正波本征波数、本征函数和耦合矩阵等唯象变量/参数的函数形式，水声环境效应决定了这些唯象变量。数据驱动方法通过直接获取声场唯象变量，以此重建声场解决各种水声问题。本章讨论几种基于水声物理模型的数据驱动处理方法。

5.1 声场波数域性质

本节从声场的波数域特性对观测区域进行分类，然后根据不同类别讨论相应的数据驱动处理方法。在简正波理论框架下，远场点源局部声场总可以表示为简正波展开形式：

$$P(r,z) = \sum_n a_n(r)\phi_n(z,r) \tag{5-1}$$

式中，$\phi_n(z,r)$ 是局部简正波模态函数。对于绝热信道[1-4]，简正波展开系数正比于

$$a_n(r) \propto \frac{e^{i(\bar{k}_n + \delta k_n)r}}{\sqrt{\bar{k}_n r}} \phi_n(z_s) \tag{5-2}$$

其中，平均本征波数为

$$\bar{k}_n \equiv \frac{\int_0^r k_n(r')\mathrm{d}r'}{r} \tag{5-3}$$

式（5-2）中，各号简正波的传播相位由两部分决定：式（5-3）给出的平均本征波数和刻画随机介质特性的随机成分 δk_n。波数的随机成分决定了声场的时空相关半径。

式（5-1）和式（5-2）由两组唯象变量(k_n, ϕ_n)完全确定。如果这两组变量可以通过某种方法直接从实验数据中获得，则局部声场原则上完全重构。基于数据驱动的环境适应信号处理正是应用上述信号表示形式，在绝热近似成立的条件下，利用垂直阵或水平阵且结合一些局部环境信息，直接从实验数据中得到以上两组变量，这种处理方法最初源于匹配场应用。区别于常规匹配场需要计算拷贝场，

所谓数据驱动指从数据中提取声场信息（唯象变量）。数据驱动本质上是一种模基信号处理方法，有别于目前数据科学领域的数据驱动信号表示方法，如神经元网络信号表示、高斯混合模型信号近似等。

　　绝热近似在强切割地形或者明显的水体起伏（如内波、锋面等）环境下不再成立。由前向散射矩阵模型替代式（5-1）的声传播过程，可写为

$$P(r,z) = \sum_{n,m} \phi_n^r(z) S_{nm}(\omega) \phi_m^s(z) \tag{5-4}$$

式中，上标 r,s 分别指接收阵和声源位置；$S_{nm}(\omega)$ 为前向散射矩阵，参考 3.3 节和 3.4 节关于散射矩阵的一般描述。将声源到接收器之间传播路径分为 M 个子区间。假设 M 个子区间分为两类：耦合区和绝热区。前向散射矩阵总是可以写作如下形式：

$$S = S_{M,M-1} S_{M-1,M-2} \cdot \cdots \cdot S_{1,0} \tag{5-5}$$

式中，$S_{k,k-1}(k=1,2,\cdots,M)$ 表示子区间的前向散射矩阵或者绝热传播矩阵，当不存在耦合或耦合很弱时，可以近似为 $P_{k,k-1}$（表示对角绝热传播矩阵）。S 矩阵的具体计算也可以利用 Dozier-Tappert 的前向耦合简正波方程计算，或者直接利用 COUPLE 程序计算。简正波剥离效应一般要求前向散射矩阵 $S_{k,k-1}$ 呈中心带状矩阵形式，而且随着距离加大非对角线部分会收缩，最终简正波剥离与简正波耦合竞争的结果是简正波剥离胜出，声场在远场具有稀疏的简正波传播模态叠加形式。

5.2　三类水声观测

　　如第 3 章所述，局部声场总是可以展开为简正波叠加的稀疏表示形式。但是简正波耦合会导致展开系数及传播相位变化，使信号模型变得十分复杂。数据驱动处理通常假设绝热近似成立，因此需要首先判别所接收的数据是否属于这类信号模型。这一节从是否存在简正波耦合角度将水声观测划分为三个观测区域：①绝热观测区域；②存在耦合但局部绝热观测区域；③耦合观测区域。以下分别称三个区域内的水声观测为第一、第二、第三类观测。

1. 第一类观测

　　这类观测中，声波在整个传播区域不存在简正波耦合。接收信号在整个区域可以表示为式（5-1）～式（5-3）形式。声场在时域和 r-ω 平面联合域具有以下特点：远场宽带时域信号可见明显的简正波分离现象，r-ω 平面存在明显的干涉条纹结构。线谱宽度主要由传播模态的声衰减系数决定，衰减系数越大，线谱宽度

越大。但理论上线谱的中心由等效本征波数的实部决定，线谱的幅度由源激发权重向量和模态衰减决定。

2. 第二类观测

在接收-发射断面上，存在简正波耦合区域，但声源和接收阵恰好处于绝热近似成立区域。声场在时域和 r-ω 平面联合域具有以下特点：远场宽带时域信号包含明显的简正波耦合成分，r-ω 平面干涉条纹结构表现出散斑结构。在这类观测区域内，通过对观测阵接收的宽带脉冲信号做局地简正波分解处理，分解后的每一号简正波时域信号依然会观测到一系列简正波耦合导致的波包。

3. 第三类观测

在接收-发射断面上，声传播断面内存在简正波耦合，并且观测阵或声源处于简正波耦合区域。声场在时域和 r-ω 平面联合域均十分复杂。

下面从空间波数谱角度详细解释上述三类观测。简单起见，以下忽略初相位贡献。假设可以基于理想的空间域傅里叶变换处理实验数据获得波数谱［参见下文式（5-18）和式（5-19）说明］。简正波过滤后，第 n 号简正波的空间分布数学表达式一般可写为

$$a_n(r,\omega,c) = \sum_{k=1} a_{nk}(r,\omega,c)\mathrm{e}^{\mathrm{i}\varphi_{nk}(r)} \qquad (5\text{-}6)$$

式中，$r \in \mathbb{R}^+$ 是距离变量；相位 $\varphi_{nk}(r)$ 的详细说明见下文。式（5-6）是 r、频率 ω 和环境参数变量（一般为矢量）c 的函数。$a_n(r,\omega,c)$ 一般也是空间位置变量 r 的函数。公式右端对 k 求和表示简正波耦合诱导所致的其他简正波耦合的贡献。

当观测属于第一类时，绝热近似要求第 n 号简正波的空域傅里叶谱只包含 k_n 成分，此时有 $a_{nk} \propto \delta_{nk}$，$\phi_{nk}(r)=k_n r$，这里 δ_{nk} 表示克罗内克（Kronecker）符号。当传播断面内存在简正波耦合时，对应的耦合简正波的水平相移不同。譬如，在[0, r]区间内某中间点 r_1 存在耦合，第 m 号简正波转换为第 n 号简正波，其相移为 $\varphi_{nk}(r) \equiv k_m r_1 + k_n(r-r_1) = k_n r + (k_m-k_n)r_1$。当中途存在复杂、多次简正波耦合情况时，对应的相位因子更加复杂。然而，局地分解得到的第 n 号简正波相位与观测位置变化或声源移动距离 δr 保持 $k_n \delta r$ 的函数形式。上述波数谱形式属于第二类观测。由于源或者接收阵处于绝热区域，所以公式中 $a_{nk}(\omega)$ 并不显含移动距离变量 r。相较于第一类观测，第二类观测中复杂的相位结构导致时域和 r-ω 联合域的行为不同。

对于第三类观测，式（5-6）中的系数 $a_{nk}(r,\omega,c)$ 是频率和声源移动距离 δr 的函数。声源或者接收阵位于耦合区域，其对应的空域傅里叶变换得到的波数谱不再是简单的稀疏线谱结构，有时甚至需要考虑泄漏简正波贡献。

图 5-1（a）为典型负温跃层环境下前 5 号简正波的相速度 c_{pm} 和群速度 c_{gm} 随频率的变化关系。图 5-1（b）给出不考虑内波扰动条件下的 β 数值，β_{12} 表示第 1 号和第 2 号简正波对应的波导不变量。在频率远离简正波的截止频率时 β 数值趋于常数，详细描述和讨论参考文献[1]。

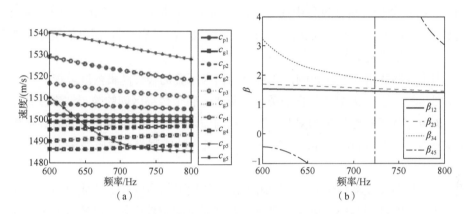

（a）   （b）

图 5-1 不存在非线性内波环境时的波导不变量[1]（彩图附书后）

β_{12},β_{23} 数值相对不变，前两者接近 1.5。β_{45} 表现奇异：在频率范围 $600 \sim 750 \mathrm{Hz}$ 内符号发生变化，且中间趋于无穷大。这是温跃层的存在导致第 4 号和第 5 号简正波群速度在这个频段趋近相等。有关波导不变量 β 与温跃层结构关系及其物理解释参考文献[2]和本书第 4 章。图 5-2 给出了无内波和存在非线性内波环境的距离-频率平面内的声强干涉图像。

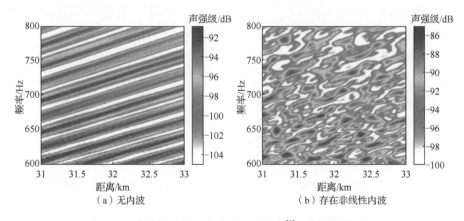

（a）无内波   （b）存在非线性内波

图 5-2 内波扰动前后的声强干涉图像[1]（彩图附书后）

当观测区域位于内波耦合区域之外，对应于第二类观测，对应的 β 分布由图 4-33 给出。

当非线性内波存在时，简正波耦合导致 β 谱分裂为许多"线谱"，式（5-6）给出了这种现象的解释[1]。需要注意：在波导不变量的应用中，频散部分是整个传播路径上的相位累积对频率变化的响应。即使声场局部满足绝热近似，但是 $a_n(r,\omega,c)$ 也会受到传播过程中简正波耦合和介质随机扰动的影响，这一点是波导不变量应用的基本制约。当 $a_n(r,\omega,c)$ 包含复杂的相位变化时，简单的波导不变量应用概念已经不再成立。

为了观察随机内波的影响，在整个传播区域叠加线性随机内波环境后，β 分布如图 4-34 所示。随着随机内波强度的增加，整个传播区间的简正波耦合效应累加，β 分布的多峰结构更加复杂。当随机内波增加到一定强度后（仿真算例中内波幅度为 2m 和 3m），观测趋于第三类，随机内波的强耦合效应使得 β 分布趋于扩散。

以上从简正波耦合角度出发刻画了浅海环境下的声信号在波数域和 r-ω 平面联合域干涉特性。第一、第二、第三类观测的空间波数谱复杂度依次递增。这里需要注意，观测区域分类与第 2 章的射线、多途干涉和频散区分类不同。

针对相同的水声问题，三个不同观测区域必须采用不同的处理方法。下面几节分别针对第一、第二类观测问题讨论数据驱动处理方法。而第三类观测相关的问题超出了本书范畴。

5.3　绝热水平不变数据驱动方法

数据驱动方法早期又被称为"环境自适应信号处理"，概念可以追溯到 Wolf[3] 的文章，而正式采用环境自适应信号处理概念源于上述作者及其合作者的会议论文[4]。其出发点基于绝热近似声场唯象表示形式［式（5-1）］，这种方法属于模基处理范畴。数据驱动方法替代常规匹配场处理中拷贝场计算环节，直接从数据中获取模型参数，进而应用于匹配场处理。

5.3.1　垂直阵提取简正波本征函数

水平不变波导中的低频宽带、远场点声源的垂直阵声压在模态域表示下可以写为以下矩阵形式：

$$P = \Phi a \tag{5-7}$$

$$
\boldsymbol{P} = \begin{bmatrix}
p(z_1, f_1) & p(z_1, f_2) & \dots & p(z_1, f_M) \\
p(z_2, f_1) & p(z_2, f_2) & \dots & p(z_2, f_M) \\
\vdots & \vdots & & \vdots \\
p(z_M, f_1) & p(z_M, f_2) & \dots & p(z_M, f_M)
\end{bmatrix}
$$

式中，$\boldsymbol{P} \in \mathbb{C}^{M \times M}$；列矢量表示 M 个水听器的接收信号，其深度分别为 $z_1, z_2, \cdots, z_M$，宽带信号频率采样点分别为 $f_1, f_2, \cdots, f_M$。定义垂直阵简正波接收权重矩阵：

$$
\boldsymbol{\Phi} = \begin{bmatrix}
\phi_1(z_1, \overline{f}) & \phi_2(z_1, \overline{f}) & \dots & \phi_N(z_1, \overline{f}) \\
\phi_1(z_2, \overline{f}) & \phi_2(z_2, \overline{f}) & \dots & \phi_N(z_2, \overline{f}) \\
\vdots & \vdots & & \vdots \\
\phi_1(z_M, \overline{f}) & \phi_2(z_M, \overline{f}) & \dots & \phi_N(z_M, \overline{f})
\end{bmatrix} \tag{5-8}
$$

式中，$\overline{f}$ 表示频率范围内中心频率，这里假设简正波模态函数在带宽内近似不变。垂直阵声场的互谱密度矩阵（cross-spectral density matrix）定义为

$$
\boldsymbol{C} \equiv \langle \boldsymbol{P}\boldsymbol{P}^+ \rangle = \boldsymbol{\Phi} \langle \boldsymbol{a}\boldsymbol{a}^+ \rangle \boldsymbol{\Phi}^+ \tag{5-9}
$$

式中，$\boldsymbol{a} \in \mathbb{C}^N$ 表示相位调制后的 N 号简正波幅度矢量；$\langle \ \rangle$ 表示统计平均。假设 $\langle \boldsymbol{a}\boldsymbol{a}^+ \rangle$ 矩阵是对角阵，则式（5-9）构成奇异值分解形式，因此可用来估计简正波本征函数。上述处理需要一定带宽的宽带信号，并且假设简正波本征函数在所关心频段是频率的缓变函数，因此只能估计带宽内的平均简正波本征函数[2]。

为了弥补上述关于频率范围的限制，Neilsen 等[5]进一步发展了基于移动声源和垂直阵估计单频简正波本征波数的数据驱动方法，试验布设示意图如图 5-3 所示。

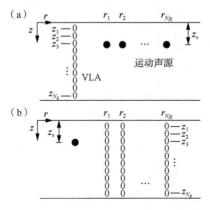

图 5-3　垂直阵结合移动声源提取简正波本征函数示意图[5]

对于单频移动点声源，接收信号序列可以改写为矩阵形式：

$$P = \begin{bmatrix} p(z_1,r_1) & p(z_1,r_2) & \cdots & p(z_1,r_{N_R}) \\ p(z_2,r_1) & p(z_2,r_2) & \cdots & p(z_2,r_{N_R}) \\ \vdots & \vdots & & \vdots \\ p(z_{N_z},r_1) & p(z_{N_z},r_2) & \cdots & p(z_{N_z},r_{N_R}) \end{bmatrix}_{N_z \times N_R}$$
(5-10)

该矩阵具有以下矩阵分解形式：

$$P = e^{i\pi/4} \boldsymbol{\Phi} \boldsymbol{\Lambda} \boldsymbol{R}$$
(5-11)

式中，

$$\boldsymbol{\Phi} = \begin{bmatrix} \phi_1(z_1) & \phi_2(z_1) & \cdots & \phi_N(z_1) \\ \phi_1(z_2) & \phi_2(z_2) & \cdots & \phi_N(z_2) \\ \vdots & \vdots & & \vdots \\ \phi_1(z_{N_z}) & \phi_2(z_{N_z}) & \cdots & \phi_N(z_{N_z}) \end{bmatrix}_{N_z \times N}$$
(5-12)

$$\boldsymbol{\Lambda} = \sqrt{2\pi N_R} \begin{bmatrix} \frac{1}{\sqrt{k_1}}\phi_1(z_s) & 0 & \cdots & 0 \\ 0 & \frac{1}{\sqrt{k_2}}\phi_2(z_s) & \cdots & 0 \\ \vdots & \vdots & & \vdots \\ 0 & 0 & \cdots & \frac{1}{\sqrt{k_N}}\phi_N(z_s) \end{bmatrix}_{N \times N}$$
(5-13)

$$\boldsymbol{R} = \frac{1}{\sqrt{N_R}} \begin{bmatrix} \frac{e^{ik_1 r_1}}{\sqrt{r_1}} & \frac{e^{ik_2 r_2}}{\sqrt{r_2}} & \cdots & \frac{e^{ik_1 r_{N_R}}}{\sqrt{r_{N_R}}} \\ \frac{e^{ik_2 r_1}}{\sqrt{r_1}} & \frac{e^{ik_2 r_2}}{\sqrt{r_2}} & \cdots & \frac{e^{ik_2 r_{N_R}}}{\sqrt{r_{N_R}}} \\ \vdots & \vdots & & \vdots \\ \frac{e^{ik_N r_1}}{\sqrt{r_1}} & \frac{e^{ik_N r_2}}{\sqrt{r_2}} & \cdots & \frac{e^{ik_N r_{N_R}}}{\sqrt{r_{N_R}}} \end{bmatrix}_{N \times N_R}$$
(5-14)

N_z, N_R 分别表示垂直阵水听器个数和水平距离采样点数。当采样间距总长大于最大简正波干涉跨度时，以下近似关系成立：

$$[\boldsymbol{RR}^+]_{nm} = \sum_{j=1}^{N_R} R_{nj} R_{mj}^* = \sum_{j=1}^{N_R} \frac{e^{i(k_n - k_m^*)r_j}}{N_R r_j} \approx \frac{\delta_{nm}}{\bar{r}}$$
(5-15)

$\bar{r}$ 表示 $r_1, r_2, \cdots, r_{N_R}$ 均值。利用这一近似关系可得

$$C = PP^+ = \Phi \Lambda RR^+ \Lambda^+ \Phi^+ \propto \Phi \Lambda \Lambda^+ \Phi^+ \qquad (5\text{-}16)$$

式（5-16）同样具有奇异值矩阵分解形式，因此可以用于提取单频简正波本征函数分布。

5.3.2　垂直阵提取简正波本征波数

5.3.1 节只是利用垂直阵数据提取简正波本征函数，然而在匹配场定位等应用中，目标位置信息主要包含在水平相移信息中，因此需要提取简正波本征波数。文献[6]、[7]给出了利用垂直阵提取本征波数的方法。

在文献[6]中，作者假设波导的声速剖面已知，利用 5.3.1 节方法可以提取简正波本征函数。此时，由于波导的海底参数未知，所以无法直接估计本征波数。式（5-17）是简正波本征函数满足的二阶差分方程：

$$u_{i+1} = -u_{i-1} + \left[2 - h^2 \left(\frac{\omega^2}{c^2(z_i)} - k^2 \right) \right] u_i \qquad (5\text{-}17)$$

将式（5-17）作为简正波模态约束方程，搜索地声参数、本征波数，使得差分估计本征函数与实测本征函数匹配，从而同时得到地声参数和本征波数。文献[7]引入新的差分公式替代式（5-17），可以应用更加稀疏的水听器阵达到同样的目的。

利用简正波本征函数和声速剖面联合估计的本征波数精度受到简正波本征函数提取精度和简正波模态个数制约。文献[8]利用移动声源形成一个虚拟阵，采用文献[9]、[10]地声反演应用中的方法，对虚拟阵元数据做水平汉克尔变换得到水平波数谱。

按照波数积分表示形式，波导声场满足以下积分变换关系：

$$p(r,z) \approx \frac{e^{-i\pi/4}}{\sqrt{2\pi r}} \int_{-\infty}^{+\infty} g(k_r, z) e^{-ik_r r} \sqrt{k_r} dk_r, \quad k_r r \gg 1$$

$$g(k_r, z) \approx \frac{e^{i\pi/4}}{\sqrt{2\pi k_r}} \int_{-\infty}^{+\infty} p(r,z) e^{ik_r r} \sqrt{r} dr, \quad k_r r \gg 1; k_r > 0 \qquad (5\text{-}18)$$

式中，$g(k_r, z)$ 表示垂向本征值问题的格林函数。格林函数包含两部分：离散谱部分和连续谱部分。当考虑远场问题时，将格林函数表示为简正波的展开形式：

$$g(k_r, z) = \sum_{m=1}^{N} a_m \frac{\phi_m(z)\phi_m(z_s)}{k_r - \text{Re}(k_m) - i\,\text{Im}(k_m)}$$

$$a_m = \frac{e^{i(k_r - k_m)R - \text{Im}(k_m)R} - 1}{ik_r} \qquad (5\text{-}19)$$

假设目标移动速度、方位已知，式（5-18）的数值积分变换就得到对应的波数谱估计。

这里就本征波数估计问题做以下几点说明。

（1）利用水平阵原理也可以基于数据驱动获取简正波本征波数和本征函数。在获取简正波本征波数的基础上，利用 WKB 近似或者按照差分方程式（5-17）计算简正波本征函数。但是这需要合作目标声源配合等附加已知条件，否则目标声源的方位和运动速度等信息将作为未知参数一并估计，极大地增加了简正波信息获取的复杂度。

（2）本节提到的数据驱动方法的共同假设是所处理问题可以近似为第一类观测问题。本节的讨论给读者一种印象：许多水声应用问题似乎没有那么复杂。如果按照本节的数据驱动方法，似乎测距、定深问题可以解决。通过排列组合各种测量形式，数据驱动方法可以实现"无须计算拷贝场"的匹配场处理。然而，这存在一种理论假设缺陷：绝热水平不变波导成立。实际上，k_n 可随距离和观测时间变化，因此必须尽可能实时地估计所有两组唯象变量(φ_n, k_n)。

（3）信号稀疏表示要求有效简正波尽可能少，然而如果导致上述两组唯象变量变化的因素维数远大于观测变量维数就会出现问题。模基匹配方法估计目标水平距离依赖相位项 $k_n r$，环境变化会导致 k_n 不确定，从而导致估计 r 不确定。另外，在线谱测距等应用中，单号简正波相位的周期变化导致目标距离估计的周期模糊性。通常采用多号简正波，以干涉跨度 λ_{nm} 在空间编织网格来抑制这种周期模糊，排除目标距离的多值性。类似地，当 Δk_n 的起伏大于 $k_n - k_{n-1}$，数据驱动方法将不再适用。

5.3.3   统计匹配处理

海洋声传播问题本质上是一种随机介质中的波传播问题，简正波方法可以很好地刻画相关的物理现象。但唯象变量是水声环境的复杂函数，将这些变量视作确定论变量从严格意义来讲是不准确的。实际上，早在 20 世纪 80 年代，Porter 等[11]通过数值仿真计算发现：匹配场处理对环境参数非常敏感。

假设绝热近似成立，将$(k_n, \varphi_n(z_s))$视作一组不确定唯象变量，在一定先验概率假设条件下可以联合估计目标位置和唯象变量，这是一个经典的统计估计/学习问题。Tabrikian 等[12]利用贝叶斯统计方法讨论了环境不确定性带来的后验概率估计精度。聚焦（focalization）方法[13-14]将环境参数和声源位置参数同时作为未知参数，利用模拟退火算法或遗传算法等全局优化方法搜索环境参数空间来实现声源定位。贝叶斯边缘积分方法[15-16]则假设环境参数服从某种先验的概率分布，利用贝叶斯估计，对后验概率密度函数关于环境参数进行积分，得到关于声源位置参数的边缘概率密度分布，从而实现声源定位。边缘积分方法相当于将不确定性因素整合到其他参数估计中。以上两种方法虽然能够在一定程度上抑制环境不确定性对声源定位带来的不利影响，但是对于浅海水声环境，由于环境参数较多，这两种方法的计算复杂度随环境参数的增加以几何速率增大。Gall 等[17]对边缘积分方法进行了改进，视波导格林函数为随机矢量，将后验概率密度函数关于格林函数的概率密度进行积得到声源位置的估计，极大地减少了计算量。以上处理方法的有效性依赖统计假设在相关应用中的有效性，并且这些方法都假设绝热近似成立。

统计学习/估计方法的性能依赖信号模型假设、好的环境参数先验概率知识、噪声统计模型和一定数量的统计样本。统计估计精度理论上与上述因素密不可分。环境参数对声场的影响表现为一个复杂的非线性过程，存在以下问题。

（1）引起唯象变量变化的诸多因素所对应的环境参数空间维度比唯象变量本身的维度要高。换句话说：环境参数存在隐变量。这样在建模初期，如何考虑这些"隐变量"的先验概率模型就成为问题。而且隐变量与唯象变量的联合概率模型依赖两类参数的声学"相互耦合"。

（2）环境参数变化对声场的响应是非线性的，或者从声场观测角度来看，环境参数的随机变化过程并非欧几里得空间中的随机过程，参考附录 B。常规粒子滤波器[18]、各种卡尔曼滤波器的变形版本都是建立在欧几里得空间概念之上的处理方法。从这个角度来看，有必要发展非欧几里得流形上对应的处理方法。

5.4 水平变化波导数据驱动处理：全息场、虚拟阵和引导声源

海洋声信道起伏是海洋波导声传播的主要问题之一。介质起伏/散射导致模态间耦合、相位随机化，最终导致干涉退相干。介质起伏又细分为水平和垂向非均匀性。前者导致各号简正波水平相位起伏，而后者导致简正波模态变形及耦合。由于不同号简正波的垂向掠射角差异很小，垂向声速结构扰动会导致模态变形，甚至导致不同号简正波之间相互耦合。匹配场处理方法在过去几十年里是水声信号处理领域重点关注的理论问题之一。当环境存在较强起伏（如非线性海洋内波、锋面等中尺度过程）或地形起伏均会导致较强的简正波耦合。对于上述环境，匹配场处理理论上是失效的。相位共轭或时间反转镜技术通常被用来讨论这种情形。

在水声学应用中，根据应用方式的差异常常赋予相位共轭处理不同的称呼，

譬如引导声源、虚拟阵、全息场、时间反转等[19-27]。近年来广泛应用于地球物理勘探领域的格林函数重构方法在水声学中也得到部分应用，该方法的物理基础是声场互易定理。互易定理是关于声场的双线性恒等关系式，在经典波动理论中起着十分重要的作用。根据双线性关系的定义，互易定理分为相关互易定理和卷积互易定理两种[28]。水声学应用中的互易定理通常指相关互易定理，相位共轭处理的基础是相关互易定理。本节首先讨论一般相位共轭概念在水声应用中的理论极限。如图 5-4 所示，考虑一个轴对称浅海水声信道，两端箭头表示向内传播的内向波和向外传播的外向波。假设简正波耦合只发生于波导部分区域，声源和接收阵均位于局部水平不变波导区域，且远离耦合区域，以至于声场可以利用简正波求和表示而忽略侧面波成分。

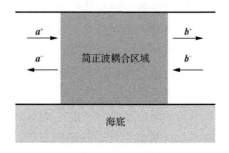

图 5-4　波导示意图

频域声场满足亥姆霍兹方程：

$$\nabla^2 \Psi(r,z) + k^2(r,z)\Psi(r,z) = s(r,z) \tag{5-20}$$

由于介质吸收，波数 $k(r,z)$ 通常是复数：

$$k = k_0 + \mathrm{i}\alpha$$

式中，衰减系数 α 可以假设为频率的函数。直接考虑一般散射问题，内向波(a^+, b^-)和外向波(b^+, a^-)之间满足以下关系式：

$$\begin{bmatrix} b^+ \\ a^- \end{bmatrix} = \begin{bmatrix} T_+ & R_- \\ R_+ & T_- \end{bmatrix} \begin{bmatrix} a^+ \\ b^- \end{bmatrix}, \quad S = \begin{bmatrix} T_+ & R_- \\ R_+ & T_- \end{bmatrix} \tag{5-21}$$

式中，"+"表示前向，"−"表示后向；$T_\pm, R_\pm$ 分别表示±方向的透射矩阵和背向散射矩阵；矩阵 S 表示散射矩阵（scattering matrix）。

式（5-20）取复共轭可以得到对应的伴随方程：

$$\nabla^2 \Psi^*(r,z) + k^{*2}(r,z)\Psi^*(r,z) = s^*(r,z) \tag{5-22}$$

式(5-20)×Ψ^*−式(5-22)×Ψ得

$$\Psi^*\nabla^2\Psi - \Psi\nabla^2\Psi^* + (k^2 - k^{*2})\Psi^*\Psi = 0, \quad (r,z) \in \Omega \tag{5-23}$$

式中，Ω 表示图 5-4 中阴影区域。式（5-23）推导中假设区域内不存在声源 $s(r,z)$。考虑左端声场入射情形，将两端的声场利用简正波展开，左端声场可以近似写为

$$\Psi(r,z) \propto \frac{e^{i\pi/4}}{\sqrt{r}} \sum_{n,m=1}\left[a_n\phi_n(z)\frac{e^{ik_n r}}{\sqrt{k_n}} + \phi_n(z)R_{nm}a_m\frac{e^{-ik_n r}}{\sqrt{k_n}} \right] \tag{5-24}$$

式中，R_{nm} 表示背向散射矩阵 $\boldsymbol{R}$ 的元素。在考虑前向散射问题中 $\boldsymbol{R}$ 可以忽略，这种假设在讨论除混响问题以外的其他水声传播问题中近似成立。

同样在波导的右端：

$$\Psi(r,z) \propto \frac{e^{i\pi/4}}{\sqrt{r}} \sum_{n=1}\left[\phi_n(z)T_{nm}a_m\frac{e^{ik_n r}}{\sqrt{k_n}} \right] \tag{5-25}$$

将式（5-24）和式（5-25）代入式（5-23），考虑一个环状柱面边界作为两端，对这个空心柱体从海面到海底部分求积分得

$$\oiint_{\Sigma_1} + \oiint_{\Sigma_2}(\Psi^*\partial_n\Psi - \Psi\partial_n\Psi^*)\mathrm{d}S + \iiint_\Omega \{[k^2 - k^{*2}]\Psi^*\Psi\}\mathrm{d}V = 0$$
$$2\pi(-\sum_n a_n a_n^* + \sum a_n T_{nm}T_{km}^* a_k) + \iiint_\Omega \{[k^2 - k^{*2}]\Psi^*\Psi\}\mathrm{d}V \approx 0 \tag{5-26}$$

式中，Σ_1 和 Σ_2 分别为 Ω 区域的上下边界。式（5-26）第二行的推导过程中忽略了背向散射成分。当忽略体积分项时，考虑 a_n 是任意的，因此有

$$\delta_{nk} \approx \sum_m T_{nm}T_{km}^* \tag{5-27}$$

即前向散射（传播矩阵）近似满足酉阵条件。式（5-26）中的体积分项由于吸收会破坏前向散射矩阵的酉阵性质。这里酉阵性质十分重要，式（5-27）的物理解释对应时反或相位共轭严格成立条件。式（5-27）的另外一个物理解释是：波导中的能流通量近似不变。对于浅海波导，由于海底介质吸收，即使不考虑散射过程，水平不变波导也不满足严格的相位共轭对称，应用式（5-1）和式（5-2）直接做相位共轭处理，由于衰减项的存在，式（5-27）也无法成立。因此，相关互易定理在浅海声场中的应用需要非常慎重。在相对较近的距离上，简正波衰减相对较小，波导中的能流通量变化不大，时反处理的效果依然明显。

下面介绍两种第二类观测区域的处理方法。这两种方法的共同点都是采用引导声源或者全息场的思路。第一种方法采用相位共轭概念，第二种方法采用

改进相位共轭概念，即用矩阵的 MP（Moore-Penrose，穆尔-彭罗斯）广义逆代替共轭转置。图 5-5 给出这类方法的实验布设示意图。

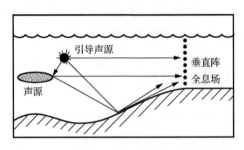

图 5-5　引导声源/全息场实验布设示意图[29]

假设声源位置附近有一附加引导声源，垂直阵（全息阵）布设在远场。虚拟接收器（virtual receiver, VR）处理方法[27]基本步骤如下。首先构建以下数据：

$$V(\omega) = S(\omega)\int P_g^*(z,\omega)P_o(z,\omega)\mathrm{d}z \tag{5-28}$$

式中，$P_g(z,\omega)$ 表示引导声源所产生的接收阵列信号，上标*表示共轭处理；$P_o(z,\omega)$ 表示目标激励或回波信号。当波导水平不变时，将简正波展开表示并将其代入式（5-28）计算得

$$V(\omega) \propto \frac{1}{\sqrt{(r_o r_g)}}\sum_m e^{-\alpha_m(2r_o+r_g)}\frac{\phi_m(z_g)\phi_m(z_o)}{|k_m|}e^{ik_m r_g} \tag{5-29}$$

式（5-29）中忽略了目标声源和引导声源的频谱项。抛开公式中衰减项、几何扩散项，式（5-29）形式上与引导声源位置处接收到的目标信号的简正波表示形式一致。这种处理等效于将接收阵置于引导声源位置，这也是虚拟接收器处理一词的来源。文献[27]进一步讨论了第二类观测区域对应的问题，即引导声源与目标之间的介质是水平不变的，但引导声源和目标与实际接收阵间存在简正波耦合。对于这种情形，在简正波表示下，声传播可以采用矩阵形式写为

$$\begin{aligned}\boldsymbol{T}_o &= \boldsymbol{T}(r_R \to r_g)\boldsymbol{P}_o(r_g \to r_o)\\ \boldsymbol{T}_g &= \boldsymbol{T}(r_R \to r_g)\end{aligned} \tag{5-30}$$

式（5-30）第一行表示目标辐射声场：首先经历目标到引导声源区间的水平不变传播 $\boldsymbol{P}_o$，之后经历引导声源到接收阵之间的散射 $\boldsymbol{T}$ 传播（可以包含散射过程），详细推导参阅 5.4 节。利用以上矩阵表示形式，由式（5-27）近似得

$$\boldsymbol{T}_g^H\boldsymbol{T}_o \approx \boldsymbol{P}_o(r_g \to r_o) \tag{5-31}$$

式中，上标 H 表示共轭转置。式（5-31）与式（5-29）有着相同的物理解释。

相位共轭处理在时反对称物理系统中有着广泛的应用。在水声应用中，相位共轭技术主要用来抵消介质起伏或未知信道响应导致的信号畸变。掌握相位共轭方法的局限性，正确使用相位共轭方法可以解决许多水声问题。

5.5　水平变化波导数据驱动处理：传播不变量

5.4 节的处理方法理论上与时反处理相同。然而，前面强调过：浅海波导的传播矩阵会偏离相位共轭对称条件。这一节描述一类被称为**传播不变量**（propagation invariant）的处理方法[29]。该处理方法同样可以用于处理第二类水声观测问题。图 5-6 为传播不变量处理方法示意图。

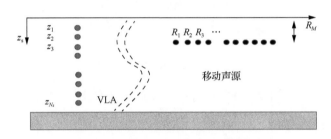

图 5-6　传播不变量处理方法示意图

考虑一个浅海声学实验布设如下：布放一条垂直线列阵（vertical linear array，VLA，简称垂直阵），移动点声源与 VLA 的距离不断变化，依次分别为 $R_1=R_0$，$R_2=R_0+\Delta R_1, R_3=R_0+\Delta R_2, \cdots, R_{N_s} = R_0 + \Delta R_{N_s-1}$，其中 N_s 表示声源位置数目。垂直阵分别位于深度 $z_1, z_2, \cdots, z_{N_z}$ 处，N_z 表示水听器个数。水听器接收时域目标信号，经傅里叶变换得到频域信号。

首先以水平不变波导环境为例说明"传播不变量"的基本原理。考虑频率为 f_0 的声信号：

$$p_{kl}(z_k;z_s,r_l) = \frac{\sqrt{2\pi}e^{i\pi/4}}{\rho(z_s)} \sum_{m=1,m'=1}^{M_e} \phi_m(z_k) \left[\frac{e^{ik_m R_0}}{\sqrt{k_m R_0}} \delta_{mm'} \right] \left[\phi_{m'}(z_s) \frac{e^{ik_{m'}(R_l-R_0)}}{\sqrt{R_l/R_0}} \right] \tag{5-32}$$

式中，M_e 表示有效简正波个数；$k_m=\text{Re}(k_m)+\text{iIm}(k_m)$ 表示第 m 号简正波的水平波数；$\phi_m(z_k)$ 表示简正波本征函数，近似满足下列正交性：

$$\int_0^H \frac{\phi_n(z)\phi_m(z)}{\rho(z)} \mathrm{d}z \approx \delta_{nm} \tag{5-33}$$

为了推导简单，取 $N_S=N_z=M_e=N$, $\rho(z)=1.0\mathrm{g/cm}^3$。将垂直阵接收的 N 个水平距离的声压数据表示为一个 $\boldsymbol{P}\in\mathbb{C}^{N\times N}$ 矩阵形式：

$$\boldsymbol{P}\equiv\begin{bmatrix} p(z_1,r_1) & p(z_1,r_2) & \cdots & p(z_1,r_N) \\ p(z_2,r_1) & p(z_2,r_2) & \cdots & p(z_2,r_N) \\ \vdots & \vdots & & \vdots \\ p(z_N,r_1) & p(z_N,r_2) & \cdots & p(z_N,r_N) \end{bmatrix} \tag{5-34}$$

与式（5-11）的矩阵表示相似，矩阵（5-34）可以表示为以下矩阵分解形式：

$$\boldsymbol{P}=\mathrm{e}^{\mathrm{i}\pi/4}\boldsymbol{\Phi\Lambda\Theta} \tag{5-35}$$

式中，$\boldsymbol{\Phi}, \boldsymbol{\Lambda}, \boldsymbol{\Theta}\in\mathbb{C}^{N\times N}$ 由式（5-36）～式（5-38）定义：

$$\boldsymbol{\Phi}=\begin{bmatrix} \phi_1(z_1) & \phi_2(z_1) & \cdots & \phi_N(z_1) \\ \phi_1(z_2) & \phi_2(z_2) & \cdots & \phi_N(z_2) \\ \vdots & \vdots & & \vdots \\ \phi_1(z_N) & \phi_2(z_N) & \cdots & \phi_N(z_N) \end{bmatrix} \tag{5-36}$$

$$\boldsymbol{\Theta}=\begin{bmatrix} \phi_1(z_s) & \phi_1(z_s)\mathrm{e}^{ik_1\Delta R_1} & \cdots & \phi_1(z_s)\mathrm{e}^{ik_1\Delta R_{N-1}} \\ \phi_2(z_s) & \phi_2(z_s)\mathrm{e}^{ik_2\Delta R_1} & \cdots & \phi_2(z_s)\mathrm{e}^{ik_2\Delta R_{N-1}} \\ \vdots & \vdots & & \vdots \\ \phi_N(z_s) & \phi_N(z_s)\mathrm{e}^{ik_N\Delta R_1} & \cdots & \phi_N(z_s)\mathrm{e}^{ik_N\Delta R_{N-1}} \end{bmatrix} \tag{5-37}$$

$$\boldsymbol{\Lambda}=\begin{bmatrix} \dfrac{\mathrm{e}^{ik_1R_0}}{\sqrt{k_1R_0}} & 0 & \cdots & 0 \\ 0 & \dfrac{\mathrm{e}^{ik_2R_0}}{\sqrt{k_2R_0}} & \cdots & 0 \\ \vdots & \vdots & & \vdots \\ 0 & 0 & \cdots & \dfrac{\mathrm{e}^{ik_NR_0}}{\sqrt{k_NR_0}} \end{bmatrix} \tag{5-38}$$

以上推导过程中，假设 $\Delta R/R_0\ll 1$ 成立，忽略非相位项中距离的差异。以上三个矩阵可以分别解释为：接收权重矩阵、声源权重矩阵和所有声源到接收阵的"共同"传播矩阵。式（5-38）的对角矩阵刻画了水平不变波导的传播特性。对于一般水平变化波导，散射矩阵不再是对角矩阵，一般是一种带状前向散射矩阵：非对角元素表示不同号简正波的耦合。以上推导在书中多次出现，根据应用场景的不同，同样的问题可以写成不同的矩阵分解形式，读者可根据自己处理的问题选择不同的矩阵分解形式。

引入另外一个源 S_1 信号，声源深度为 z_{S_1}，水平距离为 R_1，则接收声压可以表示为列矢量形式：

$$P_1 = \Phi \Lambda V \tag{5-39}$$

式中，$V, P_1 \in \mathbb{C}^N$；

$$V = [\phi_1(z_{S_1}) \mathrm{e}^{ik_1(R_1-R_0)}, \phi_2(z_{S_1}) \mathrm{e}^{ik_2(R_1-R_0)}, \cdots, \phi_N(z_{S_1}) \mathrm{e}^{ik_N(R_1-R_0)}]^{\mathrm{T}} \tag{5-40}$$

这个额外的声源可以是同一移动声源的第 $N+1$ 个信号，或者完全不同的另外一个声源 S_1。

注意到式（5-39）与式（5-35）拥有同样的变换矩阵 $\Phi\Lambda$，并假设这个矩阵可逆，做以下矩阵运算得到：

$$P^{-1}P_1 = \Theta^{-1}V \approx \begin{bmatrix} 1 & \mathrm{e}^{ik_1 \Delta R_1} & \cdots & \mathrm{e}^{ik_1 \Delta R_{N-1}} \\ 1 & \mathrm{e}^{ik_2 \Delta R_1} & \cdots & \mathrm{e}^{ik_2 \Delta R_{N-1}} \\ \vdots & \vdots & & \vdots \\ 1 & \mathrm{e}^{ik_N \Delta R_1} & \cdots & \mathrm{e}^{ik_N \Delta R_{N-1}} \end{bmatrix}^{-1} \begin{bmatrix} \dfrac{\phi_1(z_{S_1})}{\phi_1(z_s)}\mathrm{e}^{ik_1(R_1-R_0)} \\ \dfrac{\phi_2(z_{S_1})}{\phi_2(z_s)}\mathrm{e}^{ik_2(R_1-R_0)} \\ \vdots \\ \dfrac{\phi_N(z_{S_1})}{\phi_N(z_s)}\mathrm{e}^{ik_N(R_1-R_0)} \end{bmatrix} \tag{5-41}$$

由式（5-41）可以得到以下有趣的结果：公式左端 $P^{-1}P_1$ 由接收数据决定，公式右端 $\Theta^{-1}V$ 由声源位置处的唯象变量决定。因此，这样构造的 $\Theta^{-1}V$ 与声源到接收器间的传播矩阵无关，并且与接收阵的权重矩阵本身也无关。故称为传播不变量。可以看到传播不变量具有以下性质。

（1）只与声源权重矩阵有关，包含了声源相对深度、水平距离的相对位置信息。

（2）当构造式（5-37）的声源与式（5-41）的声源是同一声源时，声源的频谱项被消掉。但是当两者不相同时，可以得到相对声源频谱。

传播不变量结果与相位共轭结果比较，两者有异曲同工之处。相位共轭处理在前向散射矩阵近似满足酉阵条件下可以完全消除公共传播矩阵，但衰减项无法消除；传播不变量采用 MP 广义逆代替共轭转置，没有特定限制。

当 $z_{S_1} = z_s$ 时，式（5-41）可以改写为

$$\begin{bmatrix} 1 & \mathrm{e}^{ik_1 \Delta R_1} & \cdots & \mathrm{e}^{ik_1 \Delta R_{N-1}} \\ 1 & \mathrm{e}^{ik_2 \Delta R_1} & \cdots & \mathrm{e}^{ik_2 \Delta R_{N-1}} \\ \vdots & \vdots & & \vdots \\ 1 & \mathrm{e}^{ik_N \Delta R_1} & \cdots & \mathrm{e}^{ik_N \Delta R_{N-1}} \end{bmatrix} P^{-1}P_1 \approx \begin{bmatrix} \mathrm{e}^{ik_1(R_1-R_0)} \\ \mathrm{e}^{ik_2(R_1-R_0)} \\ \vdots \\ \mathrm{e}^{ik_N(R_1-R_0)} \end{bmatrix} \tag{5-42}$$

式（5-42）给出了利用观测数据估计简正波本征波数的依据。由于不同号简正波在式（5-42）中完全分离，对应的谱估计问题简化为 N 个单频谱估计问题。根据傅里叶变化特性，只要满足 $\Delta R_{N-1} \geqslant \max_{mn}(\lambda_{mn})$，就可以分离不同的简正波本征波数。式（5-42）也可以改写为一个 N 阶多项式的零点估计问题，这种方法与附录 C 中介绍的扩展 Prony 方法有相似之处，求"本征频率"问题都转换为多项式求根的问题。

下面通过两个仿真算例解释传播不变量的概念。第一个仿真算例考虑一个水平不变环境，其声速剖面如图 5-7 所示。数值仿真采用声场计算软件 KRAKEN 实现。

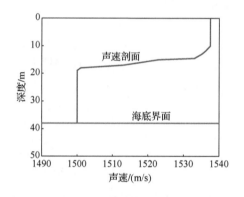

图 5-7　数值仿真声速剖面

海洋环境参数设置：水深 H=38.0m，液态海底声速 c_b=1584m/s，海底密度 ρ_b=1.6g/cm³，衰减系数 α_b=0.08dB/m。声速剖面在 10m 至 20m 深度区间存在明显的温跃层。接收阵距离声源25km 处，垂直阵由九个水听器构成，最上方水听器的深度为 1.0m，等间隔 4.625m 分布于水体中。单频 f=600Hz 声源深度为 z_s=30.22m，位于温跃层之下，可以保证低号简正波被激发。

图 5-8 给出了声源水平移动间隔 25m、移动区间 0m 至 250m 的不同声源水平位置对应的垂直阵声强分布。由于强温跃层的存在及声源位于温跃层下方，低号简正波有较强的激发，同时由于高号简正波衰减吸收快，声场主要能量基本上分布于温跃层下方位置。

利用计算得到的声场前十组数据可以构造矩阵 P，剩下一组数据用来计算声场传播不变量。按照式（5-41）的左端和右端分别进行计算，由此得到两组数据。两组数据比较结果如图 5-9 所示，两个结果十分吻合。

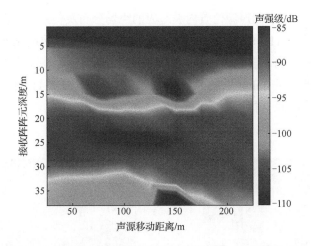

图 5-8　不同声源距离的垂直阵声强分布[29]（彩图附书后）

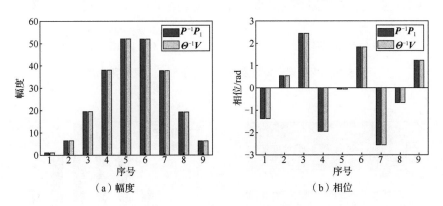

图 5-9　传播不变量验证[29]

第二个仿真算例考虑了声源和接收阵之间存在一定的不均匀环境。假设存在一个下凹的孤子内波，其形式为

$$\eta = \eta_0 \mathrm{sech}^2[(r-r_0)/\Delta]$$

式中，η_0 为内波强度，$\eta_0 = 7\mathrm{m}$；Δ 为内波宽度，$\Delta = 75\mathrm{m}$；接收阵与声源距离分别设为 $r_0 = 5\mathrm{km}$, $10\mathrm{km}$, $15\mathrm{km}$, $20\mathrm{km}$。图 5-10（a）给出了内波与 VLA 相距 5km 的简正波耦合矩阵，图 5-10（b）给出了垂直阵声强分布随声源移动距离的变化。

由于内波导致简正波耦合，声场发生了明显变化。图 5-10（a）的对角线对应各号简正波强度表示，非对角元素对应简正波的耦合系数。可以看到：简正波耦合系数可以高达 0.4 以上，存在较强的简正波耦合。注意，这里假设在声源移动过程中内波位置不变。不同声源位置内波对应的声场分布及传播不变量的计算结果如图 5-11 所示。图 5-11 (a)～(d)分别对应四个内波位置的接收阵处声强随声源移动距离的变化。由于多模（多途）叠加干涉，声场分布显著不同。图 5-11 (e)给出相同内波条件下 25km 处的声传播不变量结果，而图 5-11 (f)给出了四种不同距离情形对应的声传播不变量的幅度结果比较。

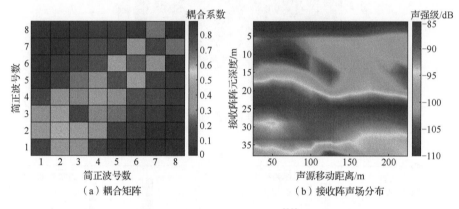

图 5-10　内波耦合矩阵及对应声场分布[29]（彩图附书后）

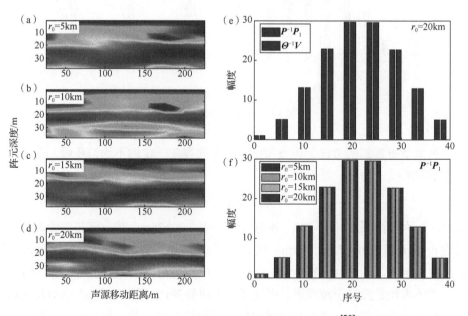

图 5-11　不同声源位置内波对应的声场分布及传播不变量分布[29]（彩图附书后）

由仿真结果可以发现：声场传播不变量的确与传播过程中发生的简正波耦合没有任何关系，恰如理论所预期。

构造传播不变量的关键在于正确解释并构造对应的矩阵 P。假设问题所对应的简正波号数近似为 N 个，为了构造方阵需要 N 组数据。这在实际应用中会存在一定困难。譬如内波本身运动，理论上无法保证这 N 个数据获取过程中传播矩阵保持不变。下面，我们讨论传播不变量在这种情形下成立的条件。

从简正波角度，单一声源对应的接收阵数据可以写为

$$P = \Phi S V \tag{5-43}$$

式中，Φ 为接收权重矩阵，只与接收阵有关；V 表示声源的激发矩阵或矢量。接收阵数据 P 的变化主要体现在内波或者目标移动导致的前向散射矩阵 S 变化。当声源和接收阵间的内波运动时，发射权重矩阵 Θ 激发声场，经过水平近似不变或者绝热不变信道传播矩阵 Λ_1，再经由前向散射矩阵 S 的耦合后，继续向接收阵传播，经过水平近似不变或者绝热不变信道部分传播矩阵 Λ_2，最后到达接收阵经接收权重矩阵 Φ 接收。以上散射过程可以用矩阵表示为

$$P = \Phi \Lambda_2 S \Lambda_1 \Theta \tag{5-44}$$

如果两个激发过程只有发射矩阵变化：

$$P' = \Phi \Lambda_2 S \Lambda_1 \Theta' \tag{5-45}$$

显然，

$$P^{-1} P' = \Theta^{-1} \Theta' \tag{5-46}$$

然而，在两者传播过程中，内波或目标移动会诱导中间过程的传播特性发生变化：

$$P' = \Phi \Lambda_2' S \Lambda_1' \Theta' \tag{5-47}$$

式中，带撇的量表示变化部分。这里假设前向散射矩阵 S 本身不发生变化。这一假设可以认为是合理的，因为与声波传播速度相比，一般海洋环境变化可以近似理解为静态不变的。不失一般性，只考虑内波或目标移动引起的绝热部分的相移：

$$\Lambda_2' = \Lambda_2 \mathrm{diag}[e^{ik_1 \Delta r}, e^{ik_2 \Delta r}, \cdots, e^{ik_N \Delta r}] \tag{5-48}$$

物理上，式（5-47）可以解释为散射目标相对接收阵的水平位置变化 Δr 引起

的各号简正波相移，相应地，从发射端到散射体的距离将发生$-\Delta r$ 的变化，因此有相移矩阵：

$$\Lambda_1' = \text{diag}[e^{-ik_1\Delta r}, e^{-ik_2\Delta r}, \cdots, e^{-ik_N\Delta r}]\Lambda_1 \qquad (5\text{-}49)$$

将式（5-47）～式（5-49）代入式（5-46）计算得

$$\begin{aligned}
P^{-1}P' &= \Theta^{-1}\Lambda_1^{-1}S^{-1}\Lambda_2^{-1}\Phi^{-1}[\Phi\Lambda_2'S\Lambda_1'\Theta'] \\
&= \Theta^{-1}\Lambda_1^{-1}S^{-1}\text{diag}[e^{iK\Delta r}]S\text{diag}[e^{-iK\Delta r}]\Lambda_1\Theta']
\end{aligned} \qquad (5\text{-}50)$$

式中，

$$\text{diag}[e^{iK\Delta r}]S\text{diag}[e^{-iK\Delta r}] \Rightarrow e^{ik_n\Delta r}S_{nm}e^{-ik_m\Delta r} = S_{nm}e^{i(k_n-k_m)\Delta r} \qquad (5\text{-}51)$$

$$k_n - k_m = \frac{2\pi}{\lambda_{nm}} \qquad (5\text{-}52)$$

其中，λ_{nm} 表示两号简正波的干涉跨度。当

$$\Delta r \ll \lambda_{nm} \qquad (5\text{-}53)$$

时，式（5-50）所定义的修正散射矩阵与前向散射矩阵 S 近似，因此，传播不变量概念近似成立。式（5-52）给出了移动目标或时变环境条件下传播不变量的成立条件。

相位共轭或者时间反转在水声的应用中非常广泛。在一般垂直阵布设条件下，接收权重矩阵和发射权重矩阵近似满足

$$\Phi\Phi^T \approx I, \quad \Theta\Theta^+ \approx I \qquad (5\text{-}54)$$

在上述条件下，将式（5-41）中的矩阵逆替换为共轭运算得

$$\begin{aligned}
P^+P_1 \approx &\begin{bmatrix} \phi_1(z_s) & \phi_1(z_s)e^{ik_1\Delta R_1} & \cdots & \phi_1(z_s)e^{ik_1\Delta R_{N-1}} \\ \phi_2(z_s) & \phi_2(z_s)e^{ik_2\Delta R_1} & \cdots & \phi_2(z_s)e^{ik_2\Delta R_{N-1}} \\ \vdots & \vdots & & \vdots \\ \phi_N(z_s) & \phi_N(z_s)e^{ik_N\Delta R_1} & \cdots & \phi_N(z_s)e^{ik_N\Delta R_{N-1}} \end{bmatrix}^+ \\
&\cdot \begin{bmatrix} \dfrac{e^{-\alpha_1 R_0}}{|k_1|R_0} & 0 & \cdots & 0 \\ 0 & \dfrac{e^{-\alpha_2 R_0}}{|k_2|R_0} & \cdots & 0 \\ \vdots & \vdots & & \vdots \\ 0 & 0 & \cdots & \dfrac{e^{-\alpha_N R_0}}{|k_N|R_0} \end{bmatrix} \begin{bmatrix} \phi_1(z_{S_1})e^{ik_1(R_1-R_0)} \\ \phi_2(z_{S_1})e^{ik_2(R_1-R_0)} \\ \vdots \\ \phi_N(z_{S_1})e^{ik_N(R_1-R_0)} \end{bmatrix}
\end{aligned} \qquad (5\text{-}55)$$

由式（5-41）和式（5-55）可以看出，传播不变量方法和相位共轭方法的共性与差异：

（1）两种方法都可以补偿传播导致的相位差。

（2）相位共轭无法补偿几何扩散、衰减因子，而传播不变量可以。

（3）相位共轭或者时间反转一般要求简正波号数越多越好，因为理论上要求式（5-54）成立，需要模态号数越多越好。

（4）一般由于相位共轭处理不包含矩阵逆运算，所以计算的鲁棒性较好；而传播不变量计算需要矩阵求逆。为了保证方法的鲁棒性，在实际应用中，传播不变量可以采用广义逆替代矩阵求逆运算。

（5）相位共轭方法可以"每一帧 Δr"单独处理，无须构造矩阵。因此理论上，抗内波起伏效果更好。

图 5-12 给出了不同位置的传播不变量结果与相位共轭结果的对比。

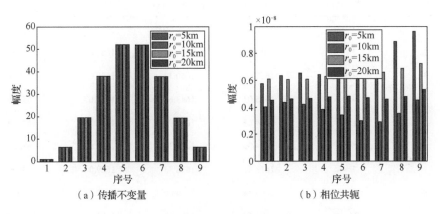

（a）传播不变量　　　　　　　（b）相位共轭

图 5-12　传播不变量与相位共轭结果对比[29]（彩图附书后）

由于缺少衰减因子补偿，不同距离的内波导致的相位共轭结果表现出明显的差异。传播不变量概念可以应用于水平变化波导海底参数的反演[30]。通过传播不变量处理，消除了传播过程中介质不均匀性的影响，可以准确地反演声源位置处的局地地声参数。

图 5-13 为仿真算例用到的地声模型。文献[30]假设衰减系数、密度等已知，只对海底模型的纵波声速参数进行了反演，并对不同方法的反演结果进行了比较，结果如表 5-1 所示。

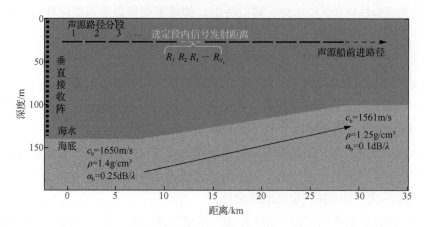

图 5-13　水平变化地声模型[30]

表 5-1　不同传播模型海底纵波声速的匹配反演结果[30]

数据段	声源覆盖范围/km	真值/(m/s)	PI-MFI/(m/s)	PC-MFI/(m/s)	CMFI/(m/s)
1	1～2	1650.00	1650.00	1649.67	1650.00
2	2～3	1650.00	1650.00	1650.67	1650.00
3	3～4	1650.00	1650.33	1650.00	1650.00
4	4～5	1645.03	1643.67	1648.67	1650.00
5	5～6	1634.56	1637.00	1644.33	1645.00
6	6～7	1624.09	1627.33	1636.67	1638.33
7	7～8	1613.61	1618.33	1629.00	1636.67
8	8～9	1603.14	1604.00	1617.33	1630.00
9	9～10	1592.67	1591.33	1607.00	1620.00
10	10～11	1582.20	1585.67	1600.67	1620.00
11	11～12	1571.73	1575.33	1589.33	1576.67
12	12～13	1562.44	1568.67	1580.67	1600.00
13	13～14	1561.00	1571.00	1579.33	1588.33
14	14～15	1561.00	1571.00	1578.67	1588.33

注：PI-MFI 为传播不变量匹配场反演（propagation invariant matched filed inverting）；PC-MFI 为相位共轭匹配场反演（phase conjugate matched field inverting）；CMFI 为常规匹配场反演（conventional matched field inverting）。

图 5-14 给出不同声源级（source level, SL）条件下（背景噪声为 100dB），传播不变量匹配场反演海底纵波声速断面分布结果，可以看出声源级较大（信噪比

较高)时,传播不变量匹配反演结果误差较小,鲁棒性较高。图 5-15 给出 SL=195dB 时, PI-MFI、PC-MFI、CMFI 三种不同方法海底纵波声速断面分布结果比较,可以看出 PI-MFI 结果误差最小,鲁棒性最高。详细讨论参见文献[30]。

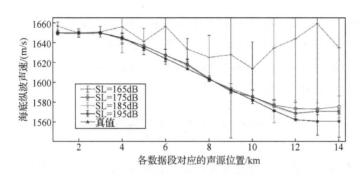

图 5-14　不同声源级条件下 PI-MFI 海底纵波声速断面分布结果[30]（彩图附书后）

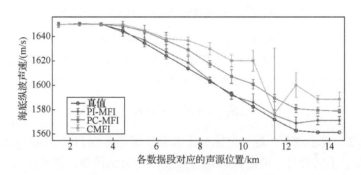

图 5-15　声源级为 195dB 时 PI-MFI、PC-MFI、CMFI 海底纵波声速断面分布结果[30]
（彩图附书后）

5.6　深度学习干涉条纹恢复

近年来,深度学习方法在图像处理、语音辨识领域取得了令人瞩目的成就。随着深度学习的普及,水声学领域也开始尝试应用深度学习解决相关问题,譬如目标定位[31-36]。

监督深度学习网络可以粗略地从两个角度理解:非线性降维分类和函数拟合逼近（也称回归）。按照所谓的万能定理可知:任何可微分函数均可以由单层、足够多神经元的网络逼近。深度学习技术是变革性的,在一定程度上降低了进入各个专业领域所需要的背景知识。尽管各式各样的深度学习网络在迅速发展,目前在水声应用中最常见的依然是监督学习方法。监督学习方法的有效性基于教练员有没有足够的、有效的、可以确切标定的、大量甚至遍历的样本。假如这些条件都满足，则随着时间的累积，深度学习技术在水声技术应用中无疑是有前途的。

本节通过例子说明如何利用信号唯象表示生成学习样本并应用于深度学习。

考虑第二类观测的一个简单例子。假设声源和接收阵都位于水平不变区域，水平不变波导的环境模型和参数已知。当声源和接收阵间存在非线性内波时，由于声传播过程中存在简正波耦合，声场局部用简正波形式可以写为

$$P(r, z, \omega) = \sum_{m=1}^{M} \frac{A_m(r, \omega)}{\sqrt{k_m r}} \phi_m^0(z) \tag{5-56}$$

式中，$\phi_m^0 \in L^2[0, +\infty)$ 表示接收位置处的简正波本征函数，假设已知。M 号简正波幅度矢量 $A(r, \omega) \in \mathbb{C}^M$ 可以表示为[37]

$$A(r, \omega) = P(r, r_2, \omega) S(r_2, r_1, \omega) P(r_1, 0, \omega) A(0, \omega) \tag{5-57}$$

其中，假设声场耦合区域在 (r_2, r_1) 区间，其他区间是水平不变的；$P(r_1, 0, \omega)$ 表示 $(0, r_1)$ 区间内的传播矩阵；$P(r, r_2, \omega)$ 表示 (r_2, r) 区间内的传播矩阵；$S(r_2, r_1, \omega) \in \mathbb{C}^{M \times M}$ 表示前向散射矩阵。将内波散射矩阵近似写为

$$S_{mn} = a_m \delta_{mn} - \mathrm{i} \eta_0 R_{mn} \tag{5-58}$$

式中，$a_m \in \mathbb{R}$；$R_{mn} \in \mathbb{R}^{M \times M}$ 是一个标准正态分布随机非对角（off-diagonal）矩阵；$\eta_0 \in \mathbb{R}$ 定义了不同号简正波之间的耦合强度。为简化模型，假设简正波耦合只在 $r = r_1$ 位置处发生，此时式（5-57）可以表示为

$$A(r, \omega) = P(r, r_1, \omega) S(r_1) P(r_1, 0, \omega) A(0, \omega) \tag{5-59}$$

式（5-59）的物理假设是：所考虑频段内的简正波耦合矩阵不存在明显的频率依赖性，特别是不会明显扰动对角成分构成的干涉结构。

图 5-16 给出了存在非线性内波扰动时的仿真海洋环境示意图。这里考虑了两个简单的非线性内波模型：Sech 孤子非线性内波模型（hyperbolic secant nonlinear internal wave，Sech-NLIW，简称 Sech 孤子模型）和方波型非线性内波模型（rectangle nonlinear internal wave，Rect-NLIW，简称方波型内波模型）。它们对应的声速剖面分别如图 5-16（c）、（d）所示。上述解析公式中，r_1 在[5, 15]km 范围内随机均匀取值，r 在[20, 60]km 范围内随机均匀取值，a_m 在[0.5, 1.5]范围内随机均匀取值，η_0 在[0, 5.0]范围内随机均匀取值，R_{mn} 为满足正态分布 $N(0,1)$ 的随机变量，随机生成 10000 个训练样本。

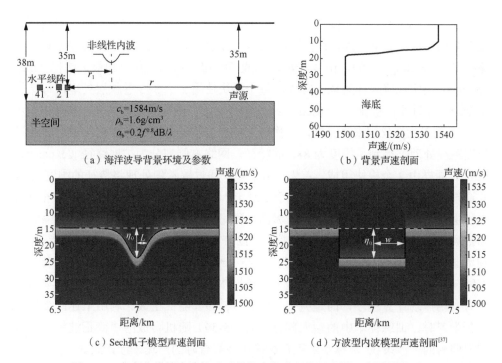

（a）海洋波导背景环境及参数　　　　　　　　　　　（b）背景声速剖面

（c）Sech孤子模型声速剖面　　　　　　　　　　（d）方波型内波模型声速剖面[37]

图 5-16　存在非线性内波扰动时的仿真海洋环境示意图（彩图附书后）

深度学习网络选择图像处理中近期发展的 U-Net，如图 5-17 所示。

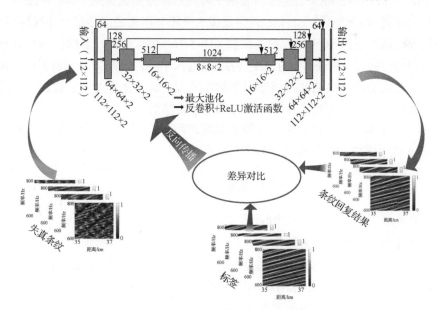

图 5-17　U-Net 结构及干涉条纹恢复训练示意图[37]（彩图附书后）

U-Net 的 U 形结构如图 5-17 所示。网络是一个经典的全卷积网络（即网络中没有全连接操作）。网络输入是维度为 112×112 的失真条纹，网络左侧部分是压缩路径（contracting path），由 4 个模块组成，利用一系列卷积层和最大池化（max pooling）层实现降采样处理。首先，每个模块使用 2 个 3×3 卷积层处理，每次卷积处理后通过线性整流（rectified linear unit, ReLU）函数激活；其次，利用 1 个步长为 2 的最大池化层来降采样，每次降采样后都将特征通道数加倍；最后，通过压缩路径处理，得到了维度为 8×8 的特征。网络右侧部分为扩展路径（expansive path），同样由 4 个模块组成。首先，每个模块通过解卷积处理将特征的维度乘 2，并通过 ReLU 激活函数将特征通道个数减半、特征维度加倍；其次，利用 2 个 3×3 卷积层，每次卷积处理通过 ReLU 激活函数增加特征维度；再次，合并压缩路径和扩展路径的特征，得到特征的维度是 112×112；最后，通过一个 1×1 的卷积层，利用 sigmoid 激活函数得到通道数为 1、特征维度为 112×112 的输出。整个 U-Net 网络一共有 23 个卷积层。注意，这里训练样本生成过程中所需的耦合传播矩阵没有利用声场计算程序，而是完全按照式（5-59）随机生成。利用上述网络进行监督学习时，训练样本中的输入部分是式（5-59）随机合成的"简正波耦合导致的扭曲后的干涉条纹"，标签是不存在简正波耦合时的声场干涉条纹。

在准备测试样本时，背景环境与训练样本一致，如图 5-16（a）、（b）所示。一个 41 阵元水平阵位于水面下方 35m 处，阵元间距为 50m；一点声源同样位于水下 35m，且以 v_s=2.4m/s 的速度沿着水平阵的端射方向远离水平阵，声源与水平阵之间的距离为 r_s=2×10^4+$v_s t$（m）。假设在水平阵与声源之间存在一非线性内波，非线性内波通过下压 10～19m 的温跃层［图 5-16（b）］得到，非线性内波沿着水平阵与声源方向以 v_I=0.6m/s 的速度传播，其与水平阵的距离为 r_1=2×10^3+$v_I t$（m）。这里，不考虑非线性内波在传播过程中的幅度和形状变化。由于非线性内波的传播速度远小于声速，因此在计算声场时采用冻结模型。

Sech 孤子模型和方波型内波模型的幅度均用 η_0 表示，半宽度分别由 L 和 w 表示。Sech 孤子模型的形状由式（5-60）给出：

$$\eta(r) = \eta_0 \operatorname{sech}^2\left(\frac{r - r_1}{L}\right) \qquad (5-60)$$

仿真算例中取 η_0=9m, L=75m，突变方波型内波半宽度 w=200m。测试数据利用声场计算所刻画的微扰方法生成。

图 5-18（a）中的干涉图像分别是：左侧当声源距离水平阵 35km 时，简正波耦合导致的失真条纹；中间是未考虑环境变化或者无简正波耦合时的标签干涉条纹；右侧是利用 U-Net 恢复后的干涉条纹。从图 5-18（a）可以看出恢复后的声场干涉

条纹与标签干涉条纹非常接近。利用干涉条纹图像可以提取 β 分布。图 5-18（b）给出了图 5-18（a）中三个干涉图像对应的 β 分布，其中 $E_D(\beta)$ 是干涉条纹破坏后的 β 分布，$E(\beta)$ 是干涉条纹无破坏的 β 分布，$E_R(\beta)$ 是经过 U-Net 恢复后的干涉条纹的 β 分布。从图 5-18（b）可以看出 $E_D(\beta)$ 有多个峰值，这是不同号简正波耦合造成的，$E(\beta)$ 和 $E_R(\beta)$ 有较高的相似度，且仅有一个峰值，此时峰值对应的 β 取值即为海洋背景波导的波导不变量，即 $\beta=1.5$。

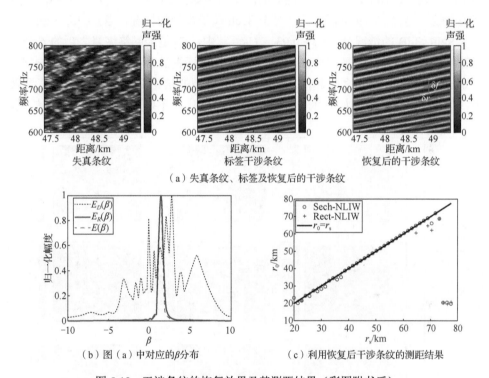

（a）失真条纹、标签及恢复后的干涉条纹

（b）图（a）中对应的 β 分布　　（c）利用恢复后干涉条纹的测距结果

图 5-18　干涉条纹的恢复效果及其测距结果（彩图附书后）

如果已知海洋波导的波导不变量，根据恢复的声场干涉条纹的斜率，利用式（5-61）可以进行声源测距：

$$r_0 = \beta \cdot f \cdot \frac{\delta r}{\delta f} \tag{5-61}$$

式中，f 为声源的中心频率（此处为 700Hz）；δr 与 δf 的定义如图 5-18（a）所示。图 5-18（c）给出了两种不同非线性内波模型情况的测距结果，结果表明当 $r_s \in [20,$ 73.4]km 区间测距结果比较精确：对于 Sech 孤子模型的情况，平均测距相对误差为 2%；对于方波型内波模型的情况，平均测距相对误差为 1%。这里平均测距相

对误差定义为$\langle |r_0 - r_s| / r_s \rangle$。需要说明的是，在训练样本中，声源与水平阵的距离均小于 60km。

　　为了进一步测试 U-Net 的条纹恢复能力的稳健性，将声源固定在 35km 处，测试不同信噪比（signal-noise ratio, SNR）、不同内波幅度、不同内波宽度及不同内波位置时的条纹恢复能力。这里选用 β 值分布的相关系数作为条纹恢复性能的评价标准，如果 $E(\beta)$ 和 $E_R(\beta)$ 的相关系数接近 1，则认为 U-Net 成功恢复了声场干涉条纹。U-Net 的条纹恢复性能的测试结果如图 5-19 所示（图中右侧图例为相关系数）。从图 5-19 可以看出：对于 Sech 孤子模型的情况，当 $r_1 \in [5,15]$km 时，除了 SNR<3dB 的情况外，$C_R > 0.93 > C_D$，其中，C_R 是经网络恢复之后的 β 谱与标签的相关系数，C_D 是有内波情况下的 β 谱与标签的相关系数；而当 $r_1 \notin [5.0, 15.0]$km，C_R 在 0 到 1 之间起伏。方波型内波模型的结论是类似的。以上结果表明：U-Net 在进行条纹恢复时对非线性内波的形状并不敏感。但是需要说明的是，

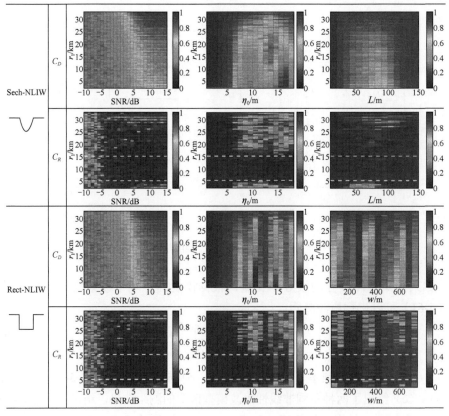

图 5-19　不同非线性内波模型 C_D 和 C_R 随信噪比（SNR）、
内波幅度（η_0）、半宽度（L、w）的变化[37]（彩图附书后）

从图 5-19 的最后一行可以明显看出，当 $\eta_0 \geqslant 13.0\text{m}$、$w \geqslant 300.0\text{m}$ 时 C_R 有下降的趋势，这是因为当非线性内波幅值或宽度变大时，由非线性内波引起的不同频率之间的相位变化已经不可忽略，此时式（5-59）不再满足。有关内波特别是孤子内波对声场干涉的影响详细讨论可以参考文献[1]、[38]。

深度学习在水声学中的应用刚刚开始，由于某些水声应用的特殊性，对深度学习方法、结果及工作机理的理解与解释是应用深度学习解决水声学问题的关键。

5.7　小　　结

匹配场处理涉及信道起伏、低维观测估计、高维耦合参数这样的欠定问题，至今人们从理论上还没有完全理解和解释清楚其中关系。本章讨论的数据驱动方法是一种模基环境适应信号处理方法。不同于传统的基于计算拷贝场匹配策略，本章方法需要更加细致地刻画海洋环境并和声学融合在一起。本章还介绍作者及其合作者最近关于深度学习在水声学应用的初步工作。水声环境复杂性是水声应用的主要障碍，深入认识环境复杂性在信号中的表示、信号的时空演化机理尚有很长的路需要走。

参 考 文 献

[1] Song W H, Wang N, Gao D Z, et al. The influence of mode coupling on waveguide invariant[J]. The Journal of the Acoustical Society of America, 2017, 142(4): 1848-1857.

[2] Zhao Z D, Wu J R, Shang E C. How the thermocline affects the value of the waveguide invariant in a shallow-water waveguide[J]. The Journal of the Acoustical Society of America, 2015, 138(1): 223-231.

[3] Wolf S N. Experimental determination of modal depth functions from covariance matrix eigenfunction analysis[J]. The Journal of the Acoustical Society of America, 1987, 81(S1): S64.

[4] Wolf S N, Cooper D K, Orchard B J. Environmentally adaptive signal processing in shallow water[C]. OCEANS '93 Engineering in Harmony with Ocean Proceedings IEEE, 1993.

[5] Neilsen T B, Westwood E K. Extraction of acoustic normal mode depth functions using vertical line array data[J]. The Journal of the Acoustical Society of America, 2002, 111(2): 748-756.

[6] Hursky P, Hodgkiss W S, Kuperman W A. Matched field processing with data-derived modes[J]. The Journal of the Acoustical Society of America, 2001, 109(4): 1355-1366.

[7] Li X L, Wang P Y. Modal wavenumber extraction by finite difference vertical linear array data[J]. The Journal of the Acoustical Society of America, 2021: EL01787.

[8] Yang T C. Data-based matched-mode source localization for a moving source[J]. The Journal of the Acoustical Society of America, 2014, 135(3): 1218-1230.

[9] Frisk G V, Lynch J F. Shallow water waveguide characterization using the Hankel transform[J]. The Journal of the Acoustical Society of America, 1984, 76(1): 205-216.

[10] Frisk G V, Lynch J F, Rajan S D. Determination of compressional wave speed profiles using modal inverse techniques in a range-dependent environment in Nantucket Sound[J]. The Journal of the Acoustical Society of America, 1989, 86(5): 1928-1939.

[11] Porter M B, Dicus R L, Fizell R G. Simulations of matched-field processing in a deep-water Pacific environment[J]. IEEE Journal of Oceanic Engineering, 1987, 12(1): 173-187.

[12] Tabrikian J, Krolik J L, Messer H. Robust maximum-likelihood source localization in an uncertain shallow-water waveguide[J]. The Journal of the Acoustical Society of America, 1997, 101(1): 241-249.

[13] Collins M D, Kuperman W A. Focalization: environmental focusing and source localization[J]. The Journal of the Acoustical Society of America, 1991, 90(3): 1410-1422.

[14] Baer R N, Collins M D. Source localization in the presence of gross sediment uncertainties[J]. The Journal of the Acoustical Society of America, 2006, 120(2): 870-874.

[15] Richardson A M, Nolte L W. A posteriori probability source localization in an uncertain sound speed, deep ocean[J]. The Journal of the Acoustical Society of America, 1991, 89(5): 2280-2284.

[16] Dosso S E, Wilmut M J. Uncertainty estimation in simultaneous Bayesian tracking and environmental inversion[J]. The Journal of the Acoustical Society of America, 2008, 124(1): 82-97.

[17] Gall Y L, Dosso S E, Socheleau F, et al. Bayesian localization with uncertain Green's function in an uncertain shallow water ocean[J]. The Journal of the Acoustical Society of America, 2016, 139(3): 993-1004.

[18] Candy J V. Environmentally adaptive processing for shallow ocean applications: a sequential Bayesian approach[J]. The Journal of the Acoustical Society of America, 2015, 138(3): 1268-1281.

[19] Benedict R, Breckinridge J B, Fried D L. Atmospheric compensation technology feature[J]. The Journal of Optics Society of America, 1994, 11(1): 257-451.

[20] Mourad P D, Rouseff D, Porter R P, et al. Source localization using a reference wave to correct for oceanic variability[J]. The Journal of the Acoustical Society of America, 1992, 92(2): 1031-1039.

[21] Al-Kurd A A, Porter R P. Performance analysis of the holographic array processing algorithm[J]. The Journal of the Acoustical Society of America, 1998, 97(3): 1747-1763.

[22] Parvulescu A, Clay C S. Reproducibility of signal transmissions in the ocean[J]. Radio and Electronic Engineer, 1965, 29(4): 223-228.

[23] Parvulescu A. Matched-signal processing by the ocean[J]. The Journal of the Acoustical Society of America, 1995, 98(2): 943-960.

[24] Jackson D R, Dowling D R. Phase conjugation in underwater acoustics[J]. The Journal of the Acoustical Society of America, 1998, 89(1): 171-181.

[25] Prada C, Wu F, Fink M. The iterative time reversal mirror: a solution to self-focusing in the pulse-echo mode[J]. The Journal of the Acoustical Society of America, 1991, 90(2): 1119-1129.

[26] Rouseff D, Siderius M, Fox W L, et al. Acoustic calibration in shallow water using sparse data[J]. The Journal of the Acoustical Society of America, 1995, 97(2): 1006-1013.

[27] Siderius M, Jackson D R, Rouseff D, et al. Multipath compensation in shallow water environments using a virtual receiver[J]. The Journal of the Acoustical Society of America, 1997, 102(6), 3439-3449.

[28] 李小雷. 声场的互易定理及应用研究[D]. 青岛: 中国海洋大学, 2018.

[29] 王鹏宇. 线性信号系统与信号不变量: 光度变换微分与声传播不变量[D]. 青岛: 中国海洋大学, 2018.

[30]　Wang P Y, Song W H. Matched-field geoacoustic inversion using propagation invariant in a range-dependent waveguide[J]. The Journal of the Acoustical Society of America, 2020, 147(6): EL491-EL497.

[31]　Niu H, Reeves E, Gerstoft P. Source localization in an ocean waveguide using supervised machine learning[J]. The Journal of the Acoustical Society of America, 2017, 142(3): 1176-1188.

[32]　Niu H, Ozanich E, Gerstoft P. Ship localization in Santa Barbara channel using machine learning classifiers[J]. The Journal of the Acoustical Society of America, 2017, 142(5): EL455-EL460.

[33]　Huang Z Q, Xu J, Gong Z, et al. Source localization using deep neural networks in a shallow water environment[J]. The Journal of the Acoustical Society of America, 2018, 143(5): 2922-2932.

[34]　Chi J, Li X L, Wang H Z, et al. Sound source ranging using a feed-forward neural network trained with fitting-based early stopping[J]. The Journal of the Acoustical Society of America, 2019, 146(3): EL258-EL264.

[35]　Niu H Q, Gong Z X, Ozanich E, et al. Deep-learning source localization using multi-frequency magnitude-only data[J]. The Journal of the Acoustical Society of America, 2019, 146(1): 211-222.

[36]　Bianco M J, Gerstoft P, Traer J, et al. Machine learning in acoustics: theory and applications[J]. The Journal of the Acoustical Society of America, 2019, 146(5): 3590-3628.

[37]　Li X L, Song W H, Gao D Z, et al. Training a U-Net based on a random mode-coupling matrix model to recover acoustic interference striation[J]. The Journal of the Acoustical Society of America, 2020, 147(4): EL363-EL369.

[38]　Yang T C. Acoustic mode coupling induced by nonlinear internal waves: evaluation of the mode coupling matrices and applications[J]. The Journal of the Acoustical Society of America, 2013, 135(2): 610-625.

附　　录

附录 A　简正波的谱分解形式

简正波方法是谱分解方法在水声学中的推广和应用。对于某些水声学问题如理想液体波导或远场声传播问题，声场可以表示为正则简正波求和形式。但是对于近场问题，即使是简单的波导环境（如匹克利斯波导），除了考虑正则简正波的贡献，还需要考虑本征值问题的连续谱成分[1]。简正波方法需要求解与深度有关的波动方程，然而，谱分解方法可以求解任何水平不变环境的声场。声场解的形式写为如式（A-1）所示的谱积分表达式：

$$P(r,z) = \int_0^\infty G(z,z_s;k_r) J_0(k_r r) k_r \mathrm{d}k_r$$
$$= \frac{1}{2} \int G(z,z_s;k_r) H_0^{(1)}(k_r r) k_r \mathrm{d}k_r \tag{A-1}$$

式中，与深度有关的格林函数满足以下条件：

$$\rho(z)\left[\frac{1}{\rho(z)}G'(z)\right]' + \left[\frac{\omega^2}{c^2(z)} - k_r^2\right] = -\frac{\delta(z - z_s)}{2\pi}$$

$$f_{\mathrm{T}}(k_r^2)G(0) + \frac{g_{\mathrm{T}}(k_r^2)}{\rho(0)}\frac{\mathrm{d}G(0)}{\mathrm{d}z} = 0$$

$$f_{\mathrm{B}}(k_r^2)G(D) + \frac{g_{\mathrm{B}}(k_r^2)}{\rho(D)}\frac{\mathrm{d}G(D)}{\mathrm{d}z} = 0$$

上边界（T）和下边界（B）的边界条件含有任意函数 f 和 g。常微分方程格林函数的一般形式可以写为

$$G(z,z_s;k_r) = -\frac{P_1(z_<;k_r)P_2(z_>;k_r)}{W(z_s;k_r)} \tag{A-2}$$

式中，

$$z_< = \min(z,z_s), \quad z_> = \max(z,z_s)$$

$W(z_s;k_r)$ 称为朗斯基行列式，由下式定义：

$$W(z_s;k_r) = P_1(z_s;k_r)P_2'(z_s;k_r) - P_1'(z_s;k_r)P_2'(z_s;k_r)$$

其中，P_1，P_2 分别为满足上下边界条件的两个非平凡解，"′"表示对 z 求微分。$W(z_s;k_r)$ 称为声源深度 z_s 处的朗斯基行列式。利用柯西定理可以把式（A-1）中的围线积分变形到复平面。然而，当包含可透射海底介质时，朗斯基行列式包含 $(\omega^2/c^2 - k_r^2)^{1/2}$ 形式多值函数。为了应用复变函数留数定理，必须将复平面延拓为黎曼面。譬如匹克利斯波导，为了应用柯西定理，需要引入一个双叶黎曼面以及支割线（branch cut）。由于围线积分不允许直接跨越支割线（否则会由于多值性产生不连续），因此式（A-1）的围线积分必须包含沿支割线的积分。围线积分包含半圆（半径趋于无穷大）C_∞ 和支割线部分 $C_{支割线}$，使谱积分表达式中的围线闭合，其中支割线可以有不同的选择。这样，利用柯西定理就可以把积分写成围线所围留数之和：

$$\int_{-\infty}^{\infty} + \int_{C_\infty} + \int_{C_{支割线}} = 2\pi i \sum_{m=1}^{M} \mathrm{res}(k_{rm})$$

式中，$\mathrm{res}(k_{rm})$ 是围线包围的第 m 个极点的留数，对于不同的问题和不同的分支切割选择，留数的个数可能为零、有限个或无限多个。极点的数值为简正波的本征波数。

支割线有多种选择，我们选择图 A-1 所示的 EJP 支割线，它是以尤因（Ewing）、贾德茨基（Jardetzky）和普雷斯（Press）命名的。这条支割线走过实轴 k_r 上的 $[-k_b, k_b]$，$k_b = \omega/c_b$ 和整个虚轴。垂直波数 $k_{zb} = [k_b^2 - k_r^2]^{1/2}$ 沿着这条支割线为实数。这样就可以用简正波的留数之和及支割线积分代替原来沿实波数轴的积分。

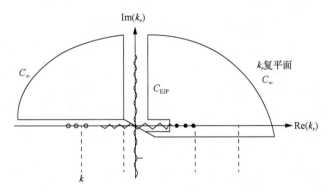

图 A-1　匹克利斯问题使用 EJP 支割线时特征值的位置[1]

支割线积分代表了辐射到海底的谱成分（$0 < k_r < k_b$）和随距离增大而逐渐消

失的谱成分的贡献，因此它的重要性是随距离的增大而逐渐减小的。当 C_∞ 的半径趋于无限大时，由于汉克尔函数按指数规律衰减，故这一段围线的贡献为零。将式（A-2）给出的格林函数表达式代入式（A-1），于是得到用留数之和加支割线积分表示的声场表达式：

$$P(r,z) = \frac{i}{2}\sum_{m=1}^{M} \frac{P_1(z_<;k_{rm})P_2(z_>;k_{rm})}{\partial W(z_s;k_r)/\partial k_r\big|_{k_r=k_{rm}}} H_0^{(1)}(k_{rm}r)k_{rm} - \int_{C_{EJP}} \tag{A-3}$$

式中，k_{rm} 是朗斯基行列式的第 m 个零点，确定这些特征值的方程称为特征方程或久期方程。若 $W(k_{rm})=0$，则 $P_{1,2}(z;k_{rm})$ 线性相关且可以通过归一化处理使得 $P_1(z;k_{rm})= P_2(z;k_{rm})$。这样，定义 $\phi_m(z)=P_1(z;k_{rm})=P_2(z;k_{rm})$，则声场写为

$$P(r,z) = \frac{i}{2}\sum_{m=1}^{M} \frac{\phi_m(z_s)\phi_m(z)}{\partial W(z_s;k)/\partial k\big|_{k=k_m}} H_0^{(1)}(k_mr)k_m - \int_{C_{EJP}} \tag{A-4}$$

为简化该表达式，对 $\phi_m(z)$ 进行适当的换算，可以令 $\partial W(z_s;k)/\partial k=1$，当 $k=k_{rm}$ 时，声场为

$$P(r,z) = \frac{i}{4\rho(z_s)}\sum_{m=1}^{M} \phi_m(z_s)\phi_m(z)H_0^{(1)}(k_mr) - \int_{C_{EJP}} \tag{A-5}$$

式中，$\phi_m(z)$ 为简正波的本征函数。简正波本征函数的归一化条件的一般形式为

$$\int_0^D \frac{\phi_m^2(z)}{\rho(z)}dz - \frac{1}{2k_m}\frac{d(f_T/g_T)}{dk}\bigg|_{k_m}\phi_m^2(0) + \frac{1}{2k_m}\frac{d(f_B/g_B)}{dk}\bigg|_{k_m}\phi_m^2(D) = 1 \tag{A-6}$$

对于多数水声学应用，式（A-6）的后两项由于边界条件等于零，即式（A-6）为常见的正交归一化条件。

附录 B　环境-声场耦合

唯象方法是物理学中常用的研究方法，唯象表示也是宏观物理学的基本特点，热力学与统计物理之间的关系就是一个典型例子。无论微观系统构造如何，宏观热力学性质总是可以利用压强、温度、自由能和熵等为数不多的宏观量刻画。类似，波动问题中的频率相当于热力学的温度，频率越高会涉及更精细的介质结构和波动过程，表现出越强的"统计"特性。

我们可以借鉴统计物理刻画相变问题的金兹堡-朗道理论（Ginzburg-Landau theory）来解决环境-声场耦合的唯象表示问题。金兹堡-朗道理论的核心是等效场概念，将微观复杂过程集中表现为宏观等效场（参数）。从信号角度来看，相当于在极其复杂的高自由度系统的非线性相互作用中，找出一个或多个低阶"主模态"。

环境-声场耦合问题中,海洋环境在一定意义上相当于构建的声学"等效介质"。"等效介质"对应的参数或模型不是唯一的,而是"真实模型"的一种有效简化,但足以刻画需要的观测现象。细致的海洋学研究可以有效解决水声环境问题和无须太多细致的海洋学背景就可以有效解决水声环境问题是两种极端观点。环境-声场耦合问题是一个理论性很强的问题,需要从不同角度进行研究。

下面从统计学习和物理角度探讨这个问题的一些基本特性。

(1)水声物理模型的重要性:统计学习角度。

声学属于经典物理范畴,基础物理规律本质上是已知的。然而,实际应用受到复杂介质、不确定性和观测有限等约束,"技术层面"十分复杂。水声物理问题研究十分重要,不同于基础物理学,水声物理研究的目的是服务于具体应用。对物理过程的理解有助于实际问题的解决方案、技术途径的选择和优化。

由于固有的不确定性属性,统计学习方法如贝叶斯估计理论常常被用于水声信号处理。按照 Vapnik(万普尼克)分类,统计学习分为传统统计学习和现代统计学习。传统的统计学习理论原则上是参数估计问题,而现代统计学习理论是泛函空间上的函数估计问题。前者一般基于所关心问题的模型,而后者允许模型本身有一定候选泛函集合。水声物理研究的重要性在于提供模型或者约束可能的泛函子集合。通俗地讲,好的水声物理研究背景可以避免陷阱:基于未知概率分布的有限数据,从无限可能性中推断高概率事件。

统计学习的基本假设是:在大数定律下,统计期望与先验样本估计结果的重合概率随着样本数目加大一致性收敛。当存在无法直接观测的"隐变量",且隐变量与观测量存在"相互作用"时,先验参数、模型泛函空间的性质变得尤为重要。理想情形下,当这些先验概率性质已知时,可以通过积分消掉隐变量,得到关于显含观测量与待估计模型或参数相关的"等效"联合概率模型(边缘概率分布)。剩下的问题就是标准的统计学习问题:如何由显含观测量数据估计等效模型或参数。

如何估计参数、模型或函数是统计学所讨论的问题,但圈定候选模型、函数、参数值域范围及隐变量的先验概率密度函数是水声物理研究的范畴。我们援引Vapnik[2]著书中关于统计学习的基本原则:"如果我们受限于有限数量的信息,那么不要通过一个解决一般问题的思路来解决所面对的特殊问题。"

随着模型复杂度增加,经验风险减少,而置信范围增加。水声信号处理问题往往在经验风险与置信范围之间取折中,水声物理在折中处理中扮演了重要角色。

(2)介质模型的复杂性:等效介质和随机介质。

介质模型复杂度与模型预报能力总是互相矛盾,或者粗略说是精度与起伏之间的矛盾。从统计估计/学习角度来看，这种矛盾类比于风险-置信区间。在统计学习理论框架下，模型的精确性总是对有限数据拟合成立，但对于更加广泛的数据，复杂模型预测却会导致较大的方差。水声建模在确定论层面同样存在类似的问题。复杂模型虽然可以对有限数据更好地拟合，但应对大量数据却需要不断地调整适应，否则会出现极大偏差。相反，等效模型虽然精度上会打折扣，但可以合理地解释更多的实验结论（如各种直接或间接观测量的变化趋势）。这个问题的起源可以从物理上理解如下。

环境参数声场观测量的影响并非线性独立，不同参数之间对声场的贡献是"相互作用"的，对声场的贡献最终是一种"集成表现"。环境参数对声场的贡献可类比于平衡态统计物理中的处理方法，复杂性表现为"涨落"，经典的随机介质波动问题一般按照这种思路处理。这类处理方法相对成熟，有兴趣的读者可以参考文献[3]。物理上研究一个封闭物理系统时，总是将场展开为各种可能的模态叠加形式，复杂介质导致模态相互耦合。介质越复杂，特性起伏越大，则耦合越强烈。终极状态就是达到"完全混合"的统计平衡态。水声传播并非能量保守系统，特别是浅海声传播，高号简正波模态快速衰落，并不会趋向统计平衡。信号空间的有效维度随着传播距离的增加总是在降低，表现出简正波模态空间的稀疏性。由于这种稀疏性，局部声场结构总是可以采用一个简化的"等效介质"刻画。然而，这种等效介质本身随观测位置的变化而变化，表现出"涨落"性质，但趋势是等效介质不断"粗粒化"。

附录 C　谱估计与简正波展开

经典谱估计中的扩展 Prony 模型（extended Prony model, EPM）与水平不变波导简正波展开声场表示有着密切关系。固定接收深度 z 和频率 ω，将水平距离 r 视作"时间变量"，对于远场、移动点源目标的辐射声场等间隔采样，声场可以写作以下形式：

$$p_n = \sum_{\alpha=1}^{p} b_\alpha z_\alpha^n + n_n, \quad n = 1, 2, \cdots, N \tag{C-1}$$

式中，$\alpha \in \Lambda$，$\Lambda := \{1, 2, \cdots, p\}$ 表示简正波编号；$n \in M$，$M := \{1, 2, \cdots, N\}$，共计 N 个采样点。利用简正波理论式（C-1）可以表示为

$$p_n \approx P_0(\omega) e^{i\pi/4} \sum_{\alpha=1}^{p} \phi_\alpha(z, \omega) \phi_\alpha(z_s, \omega) \frac{e^{i\left[\int_0^r k_\alpha(r')dr' + \theta_\alpha\right]} e^{ink_\alpha(r)\Delta r}}{\sqrt{k_\alpha(r + n\Delta r)}} + n(r + n\Delta r, z, \omega),$$

$$z \in [0, +\infty), \quad r = (x, y) \in \mathbb{R}^2 \tag{C-2}$$

$$b_\alpha = P_0(\omega) \mathrm{e}^{\mathrm{i}\pi/4} \phi_\alpha(z,\omega) \phi_\alpha(z_\mathrm{s},\omega) \frac{\mathrm{e}^{\mathrm{i}\left[\int_0^r k_\alpha(r')\mathrm{d}r' + \theta_\alpha\right]}}{\sqrt{k_\alpha r}} \qquad (C\text{-}3)$$

$$z_\alpha = \mathrm{e}^{\mathrm{i}k_\alpha(r)\Delta r}, \quad n_n = n(r + n\Delta r) \qquad (C\text{-}4)$$

式中，$P_0(\omega) \in L^2(R)$ 表示点源频率谱；$\phi_\alpha(z,\omega) \in L^2(z,[0,+\infty))$，$\alpha \in \Lambda$，表示局部简正波本征函数；$n_n$ 表示加性噪声。式（C-1）~式（C-4）定义的信号模型称为扩展 Prony 模型，刻画有限个指数函数线性叠加信号。当"频率"k_α 与"时间"采样间隔 Δr 之间不存在傅里叶采样关系（即 $k_\alpha \neq$ 整数倍 Δk_α）时，$\Delta k_\alpha = 1/(N\Delta r)$。此时，离散傅里叶变换谱估计受到瑞利极限的约束，无法高精度估计"频率"参数 k_α。式（C-1）形式的问题又称谐波恢复问题，自 20 世纪 80 年代，功率谱估计方面有大量研究，经典方法如多重信号分类（multiple signal classification, MUSIC）、旋转不变技术估计信号参数（estimation of signal parameters via rotational invariance techniques, ESPRIT）、增广矩阵束（matrix enhancement and matrix pencil, MEMP）等，压缩感知方法也被用于讨论这类问题，参考文献[4]~[11]，可以处理非等间隔采样问题。可以看到：EPM 与声场的简正波展开信号表示在形式上完全一样。水声应用中，垂直阵给解决上述问题带来了便利，可以直接应用简正波分离技术实现不同波数成分的分离。

然而，水声传播问题存在附加的复杂性。海洋声信道的环境不确定性会引入"频率"k_α 和幅度 b_α 变化。刻画这种变化有多种途径，举例如下。

（1）将幅度和频率不确定性利用以下变形写作乘性噪声：

$$b_\alpha \bar{z}_\alpha = b_\alpha \mathrm{e}^{\mathrm{i}k_\alpha \Delta r} \mathrm{e}^{\mathrm{i}\varepsilon_\alpha \Delta r} \rightarrow b_\alpha z_\alpha(1 + n_1) \qquad (C\text{-}5)$$

式中，ε_α 是随机变量，满足一定的概率分布如 $\varepsilon_\alpha \in N(0, \sigma)$（方差为 σ 的正则分布）；乘性噪声 n_1 表示这种不确定性。

（2）假设在声场采样过程中，海洋环境起伏可以近似视作一种缓慢时变过程。引入地理时间变量 τ，式（C-1）修改为以下"时变"连续 EPM（time varying continuous EPM，TVC-EPM）：

$$p(\tau) = \sum_{\alpha=1}^{p} b_\alpha(\tau) \mathrm{e}^{\mathrm{i}k_\alpha(\tau)r(\tau)} + n \qquad (C\text{-}6)$$

式中，目标移动距离 $r(\tau)$ 设为地理时间的函数。这里地理时间可以理解为移动目标的运动学时间。

（3）流形 EPM（EPM on manifold）。

唯象变量是环境参数的函数，环境参数通过等效介质模型表现为某种低维黎曼流形结构，这样 EPM 可以理解为定义在这种参数流形上的信号模型，亦即定义在黎曼流形上的函数。这种模型包含第二种 TVC-EPM，时变环境等价于流形上的曲线。当环境参数固定，假设只有距离变量是低维流形的函数时，这种模型可以包含一般阵型的阵处理信号模型。

附录 D　频散近似公式

由简正波的相速度和群速度定义：

$$\frac{1}{c_{pn}} = \frac{k_n}{\omega}, \quad \frac{1}{c_{gn}} = \frac{\partial k_n}{\partial \omega} \tag{D-1}$$

得

$$\frac{1}{c_{gn}} = \frac{\partial(\omega/c_{pn})}{\partial \omega} = \frac{1}{c_{pn}} + \omega \frac{\partial(1/c_{pn})}{\partial \omega} \tag{D-2}$$

式（D-2）可以写作群慢度与相慢度形式：

$$s_{gn} = s_{pn} + \omega \partial_\omega s_{pn} \tag{D-3}$$

波导不变量 β 可做如下近似解释：

$$\frac{1}{\beta_{nm}} = -\frac{s_{gn} - s_{gm}}{s_{pn} - s_{pm}} \Rightarrow \frac{1}{\beta} \approx -\frac{\partial_\omega s_{gn}}{\partial_\omega s_{pn}} \tag{D-4}$$

并对式（D-3）微分后代入式（D-4）得

$$\omega \partial_\omega^2 s_{pn} + \left(2 + \frac{1}{\beta}\right) \partial_\omega s_{pn} = 0 \tag{D-5}$$

这个二阶常微分方程的通解可以表示为

$$s_{pn} = \frac{1}{c_0} + \frac{\gamma_n}{\omega^{1+1/\beta}} \Rightarrow k_n = \frac{\omega}{c_0} + \frac{\gamma_n}{\omega^{1/\beta}} \tag{D-6}$$

这样就给出了简正波频散关系的一个近似推导。

参 考 文 献

[1] Jensen F B, Kuperman W A, Porter M B, et al. Computational ocean acoustics[M]. New York: Springer, 2011.

[2] Vapnik V N. 统计学习理论的本质[M]. 张学工, 译. 北京: 清华大学出版社, 2000.

[3] Colosi J A. Sound propagation through the stochastic ocean[M]. New York: Cambridge University Press, 2016.

[4] Ginzburg V L, Landau L D. On the theory of superconductivity[M]. Berlin Heidelberg: Springer, 2009.

[5] Tufts D W, Kumaresan R. Estimation of frequencies of multiple sinusoids: making linear prediction perform like maximum likelihood[J]. Proceedings of the IEEE, 1982, 70(9): 975-989.

[6]　Kumaresan R, Tufts D. Estimating the parameters of exponentially damped sinusoids and pole-zero modeling in noise[J]. IEEE Transactions on Acoustics, Speech, and Signal Processing, 2003, 30(6): 833-840.

[7]　Van Blaricum M L, Mittrd R. Problems and solutions associated with Prony's method for processing transient data[J]. IEEE Transaction on Antennas and Propagation, 1978, 20(1): 174-182.

[8]　Porat A J, Friedlander B. A modification of the Kumaresan-Tufts method for estimating rational impulse response[J]. IEEE Transactions on Acoustics, Speech, and Signal Processing, 1986, 34(5): 1336-1338.

[9]　Rahman M A, Yu K B. Total least squares approach for frequency estimation using linear prediction[J]. IEEE Transactions on Acoustics, Speech, and Signal Processing, 2003, 35(10): 1440-1454.

[10]　Bresler Y, Macovski A. Exact maximum likelihood parameter estimation of superimposed exponential signals in noise[J]. IEEE Transactions on Acoustics, Speech, and Signal Processing, 1985, 34(5): 1081-1089.

[11]　Kumaresan R, Scharf L L, Shaw A K. An algorithm for pole-zero modeling and spectral analysis[J]. IEEE Transactions on Acoustics, Speech, and Signal Processing, 1986, 34(3): 637-640.

索 引

B

背景场 ……………………………… 1
本征波数 …………………………… 2
本征函数 …………………………… 2
波导不变量 ………………………… 75
波导效应 …………………………… 2
波数离散化 ………………………… 12
不确定性 …………………………… 4
不确实性 …………………………… 4

C

传播不变量 ………………………… 125
传播矩阵 …………………………… 131
垂直阵 ……………………………… 116

D

第二类观测 ………………………… 114
第三类观测 ………………………… 114
第一类观测 ………………………… 113
多途信道 …………………………… 53
DT 方法 …………………………… 33

F

发射权重矩阵 ……………………… 131
反问题 ……………………………… 46
反转深度 …………………………… 8
菲涅耳波带 ………………………… 9
β 分布 ………………………… 106

负温跃层 …………………………… 77

G

干涉结构 …………………………… 24
干涉条纹 …………………………… 78
格林函数 …………………………… 14
观测区间 …………………………… 25
观测区域 …………………………… 113
广义射线 …………………………… 13

H

海底反射相移参数 ………………… 81
互谱密度矩阵 ……………………… 117
环境参数空间 ……………………… 45
环境效应 …………………………… 2
环境自适应信号处理 ……………… 116
会聚区 ……………………………… 27
混响 ………………………………… 68

J

简正波 ……………………………… 2
接收权重矩阵 ……………………… 131
接收信号空间 ……………………… 43
截止频率 …………………………… 13
局地简正波 ………………………… 60

K

扩散信号 …………………………… 45

扩展 Prony 模型 ·················· 148

L

朗伯散射率 ····················· 70

离散散射 ······················· 71

理想波导 ······················· 17

连续散射 ······················· 71

临界角 ························· 21

M

模态剥离 ······················· 25

N

内波 ························· 31

O

耦合简正波 ····················· 63

耦合矩阵 ······················· 36

P

匹克利斯波导 ·················· 18

频散 ························· 21

P-WKB ························ 81

Q

前向散射矩阵 ·················· 64

群慢度 ························· 81

群速度 ························· 12

群延时矩阵 ···················· 67

S

三维效应 ······················· 28

闪烁指数 ······················· 57

射线方法 ······················· 7

射线轨迹 ······················· 7

深度学习 ····················· 135

声层析 ························· 9

声场函数空间 ·················· 44

声场起伏 ······················· 34

声强 ························· 79

声速剖面 ······················· 8

时空相干性 ···················· 56

数据驱动 ····················· 116

水平变化波导 ·················· 59

水平不变波导 ·················· 48

水声信道 ······················· 42

随机介质 ······················· 32

T

透射矩阵 ····················· 122

U

U-net ························ 137

W

唯象变量 ······················· 3

唯象表示 ······················· 3

warping 变换 ··················· 87

WKB 近似 ······················· 2

X

稀疏性 ························· 45

相慢度 ························· 81

相速度 ························· 12

相位共轭 ····················· 121

消频散变换 ···················· 88

信道脉冲响应 ……………………… 16

虚拟接收器 ……………………… 124

虚源 ……………………………… 54

Y

引导声源 ………………………… 84

源/目标信号空间 ………………… 43

Z

阵不变量 ………………………… 100

阵流形 …………………………… 58

正问题 …………………………… 46

彩 图

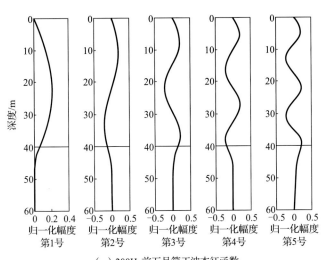

（a）200Hz前五号简正波本征函数

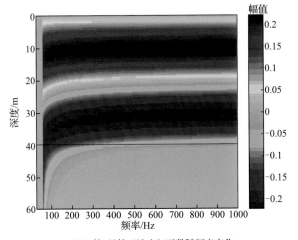

（b）第2号简正波本征函数随频率变化

图 2-5　匹克利斯波导简正波本征函数

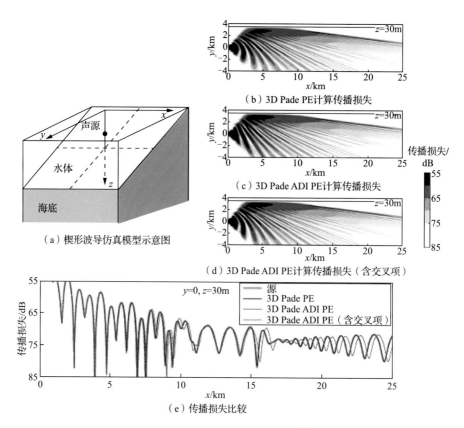

（a）楔形波导仿真模型示意图

（b）3D Pade PE计算传播损失

（c）3D Pade ADI PE计算传播损失

（d）3D Pade ADI PE计算传播损失（含交叉项）

（e）传播损失比较

图 2-13　斜坡声场三维分布[13]

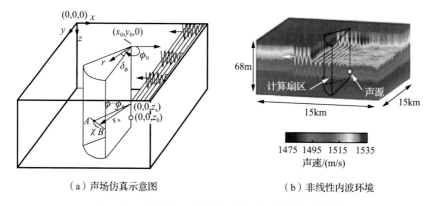

（a）声场仿真示意图

（b）非线性内波环境

图 2-17　非线性内波环境下的声场仿真示意图[17]

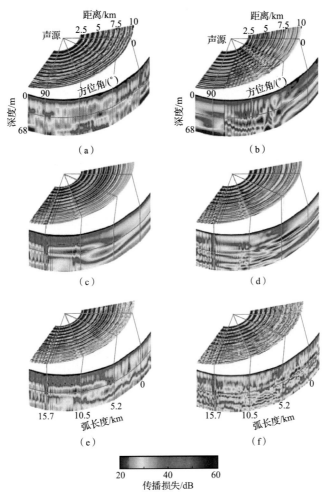

图 2-18 三维声场分布[17]

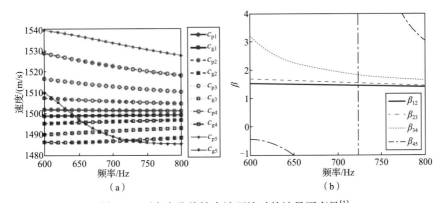

图 5-1 不存在非线性内波环境时的波导不变量[1]

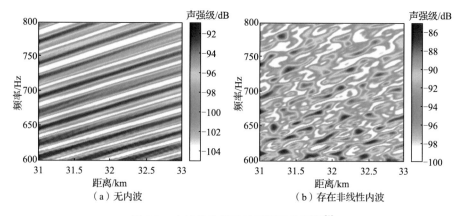

（a）无内波　　　　　　　　　　　（b）存在非线性内波

图 5-2　内波扰动前后的声强干涉图像[1]

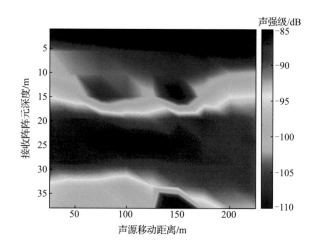

图 5-8　不同声源距离的垂直阵声强分布[29]

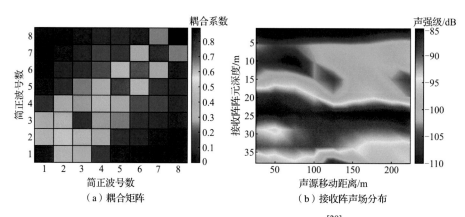

（a）耦合矩阵　　　　　　　　　　（b）接收阵声场分布

图 5-10　内波耦合矩阵及对应声场分布[29]

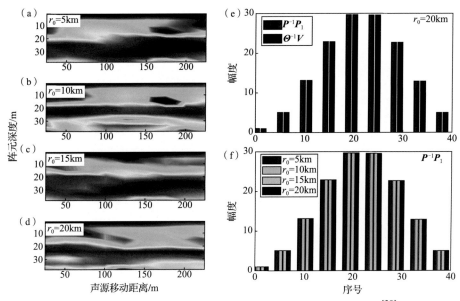

图 5-11　不同声源位置内波对应的声场分布及传播不变量分布[29]

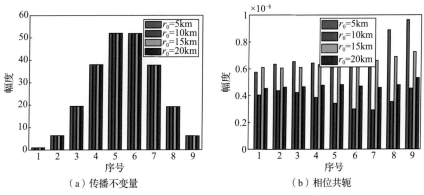

（a）传播不变量　　　　　　（b）相位共轭

图 5-12　传播不变量与相位共轭结果对比[29]

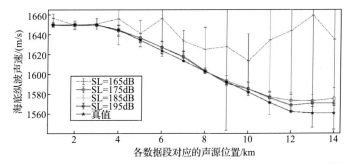

图 5-14　不同声源级条件下 PI-MFI 海底纵波声速断面分布结果[30]

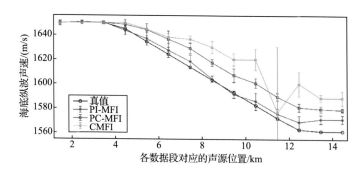

图 5-15　声源级为 195dB 时 PI-MFI、PC-MFI、CMFI 海底纵波声速断面分布结果[30]

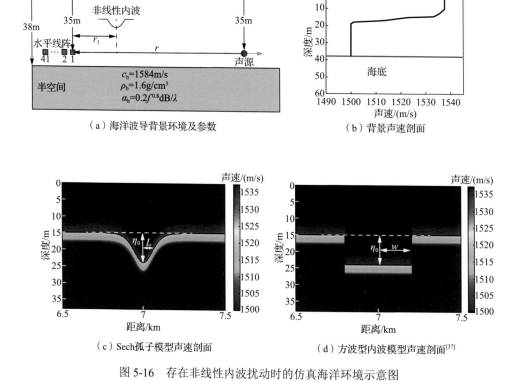

（a）海洋波导背景环境及参数　　　　　　　（b）背景声速剖面

（c）Sech孤子模型声速剖面　　　　　　　（d）方波型内波模型声速剖面[37]

图 5-16　存在非线性内波扰动时的仿真海洋环境示意图

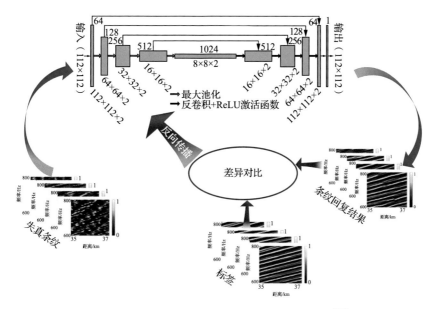

图 5-17　U-Net 结构及干涉条纹恢复训练示意图[37]

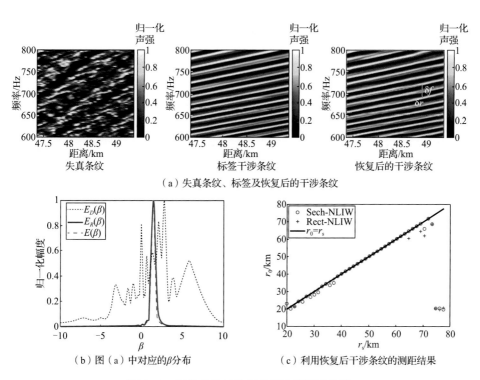

（a）失真条纹、标签及恢复后的干涉条纹

（b）图（a）中对应的β分布　　　（c）利用恢复后干涉条纹的测距结果

图 5-18　干涉条纹的恢复效果及其测距结果

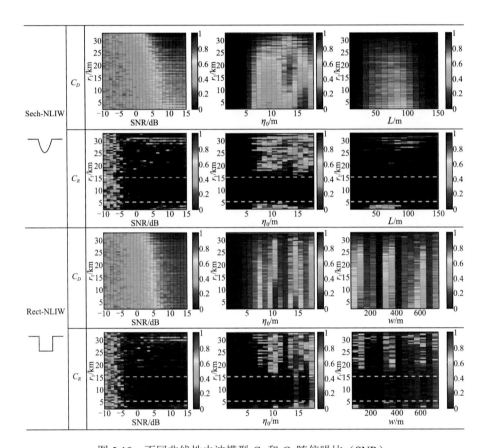

图 5-19　不同非线性内波模型 C_D 和 C_R 随信噪比（SNR）、
内波幅度（η_0）、半宽度（L、w）的变化[37]